KB195745

관엽식물,

한 권이면 충분합니다

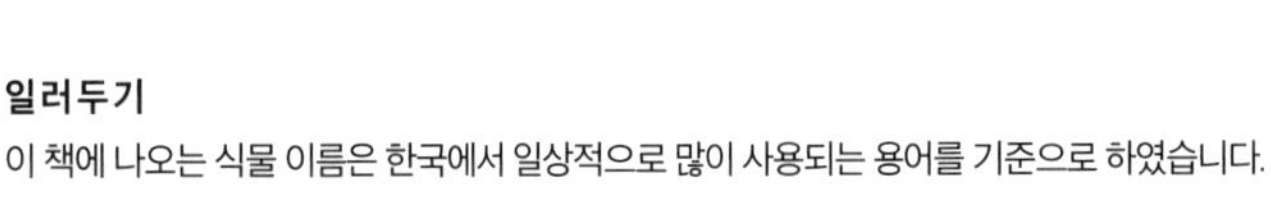
일러두기
이 책에 나오는 식물 이름은 한국에서 일상적으로 많이 사용되는 용어를 기준으로 하였습니다.

관엽식물 Q&A · 관리법에서 인테리어까지

관엽식물,
한 권이면 충분합니다

완벽한 식집사가 되기 위한 관엽식물 가드닝북

사토 모모코 지음 **이선주** 옮김

시그마북스
Sigma Books

관엽식물, 한 권이면 충분합니다

발행일 2025년 3월 10일 초판 1쇄 발행
지은이 사토 모모코
옮긴이 이선주
발행인 강학경
발행처 시그마북스
마케팅 정제용
에디터 최연정, 최윤정, 양수진
디자인 정민애, 김문배, 강경희

등록번호 제10-965호
주소 서울특별시 영등포구 양평로 22길 21 선유도코오롱디지털타워 A402호
전자우편 sigmabooks@spress.co.kr
홈페이지 http://www.sigmabooks.co.kr
전화 (02) 2062-5288~9
팩시밀리 (02) 323-4197
ISBN 979-11-6862-332-3 (13520)

KETTEIBAN YOKUWAKARU KANYOSHOKUBUTSU

装丁・本文デザイン　三上祥子（Vaa）
イラスト　二本松マナカ
撮影　丸山太一（PHOTORATIO）
校正　鷗来堂
編集協力　松本倫英子
企画編集　望月久美子（日東書院本社）

들 어 가 며

이 책을 선택해주셔서 감사합니다.

이 책은 관엽식물을 좋아하고 더 알기를 원하는 분께 꼭 필요한 책입니다.

먼저 천천히 훑어봐주세요.

관엽식물은 제각각 독특한 성질과 외관을 지니는 무척 개성적인 아이템입니다.

사람마다 하나하나 관심을 가지거나 좋아하는 부분이 다릅니다. 그런 관엽식물의 매력과 기르는 즐거움을 알아주셨으면 하는 마음으로 이 책을 집필했습니다.

고르는 방법, 기르는 방법은 물론, 풍수나 꽃말, 사소한 궁금증에도 초점을 맞추어 다루었으므로, '식물을 길러보고 싶다'라는 생각이 들 때 누구에게나 도움이 될 만한 책입니다. 품종에 따라 관리 포인트를 정리했으니 참고하시기를 바랍니다.

집안에 식물이 늘어나는 것은 창문이 하나 늘어나는 것

집안에 식물이 늘어나는 것은 마치 창문이 늘어나는 것과 같다고 생각합니다.

창밖에 펼쳐진 나무들처럼 매일 모습을 바꾸는 관엽식물이 집안에 하나 있기만 해도 집안의 '풍경'이 다채로워지고 식물이 자라며 만들어 내는 정경을 즐길 수 있습니다.

좋은 풍경은 질리지 않습니다. 식물이 집 안에 있다는 그 자체로, 여유롭게 의자에 앉아 시간을 잊고 바라보고 싶어지는 멋진 경치가 펼쳐집니다.

관엽식물과의 만남은 소중한 인연

관엽식물의 실루엣이나 잎의 모양은 품종과 생산자의 만듦새에 따라 다양합니다.

거리에서 보이는 식물은 심혈을 기울여 정성스레 키운 나무들입니다. 생산자들은 매일매일 잎이 아름답게 초록색을 내기 위해 시행착오를 반복하고, 원하는 곡선 수형을 만드는 데 몇 년을 들이기도 하며 엄청난 정성과 애정으로 관엽식물을 키워 내보냅니다. 한 그루도 같은 나무는 존재하지 않습니다.

그런 과정을 거쳐 판매점까지 온 수많은 관엽식물 중에서, 만약 '이거다!'라는 느낌이 오는 만남이 있다면 망설이지 말고 여러분의 집에 가족으로 맞이해주시기를 바랍니다.

마음의 여유를 가지고 충분히 준비해서 기르자

관엽식물은 사람과 같은 생명이므로 매일 건강하기만 할 수는 없습니다. 사람이 감기에 걸리기도 하고 과식하면 속이 안 좋아지기도 하듯이, 관엽식물도 물이 부족하면 잎끝이 갈색으로 마르고, 영양이 부족하면 잎의 색이 옅어져 버리죠. 하지만 트러블의 신호와 그에 맞는 대처 방법을 알고 있으면 괜찮습니다. 관엽식물과 살아가는 데 가장 중요한 일은 시들까 봐 불안해하며 걱정하지 말고, 여유를 가지고 대비를 잘 해두며 느긋하게 자신만의 속도로 기르는 것입니다.

겁먹지 말고 도전해서 식물의 생명력 넘치는 모습과 새순의 사랑스러움을 느껴보시면 좋겠습니다.

함께 시작해볼까요? 관엽식물과 함께하는 삶을!

사토 모모코

차 례

들어가며 6

달인이 말하는, 관엽식물과 함께하는 삶의 매력 포인트 12
알아두면 편리한 원예 용어 20

제 1 장 관엽식물에 관한 소소한 질문

COLUMN 관엽식물에 필요한 세 가지 조건 25

제 2 장 관엽식물 고르기와 장식하기

공간의 이미지로 고르는 심볼 트리 30
수형으로 고르기 36
잎의 모양으로 고르기 38
크기와 모양에 맞는 장식 방법 40
COLUMN 집안 어두운 곳에 놓아도 괜찮아요! 43
관엽식물의 크기 44
실제 사례로 배우는 관엽식물 배치와 감상 46

제 3 장 관엽식물 손질하기

구입 후의 관리 흐름 50
준비해두면 도움이 되는 관리 도구 52
계절별 관리 캘린더 54
물주기 56
비료 58
잎의 손질 60
트러블 대책 62
수형 손질하기 64
화분 고르기 66
분갈이 68
자주 하는 질문 72

제 4 장 마음에 드는 식물과 만나는 관엽식물 도감

도감 보는 방법 78

뽕나뭇과 / 무화과나무속 Moraceae / Ficus 79

벵골고무나무 80
무늬벵골고무나무 81
암스테르담킹고무나무 82
떡갈잎고무나무 83
수채화고무나무 84
루비고무나무 85
버건디고무나무 86
프랑스고무나무 87
대만고무나무 88
판다고무나무 89
진고무나무 90
움벨라타고무나무 91
페티올라리스고무나무 92
벤저민고무나무 93
스타라이트벤저민고무나무 94
바로크벤저민고무나무 95
Moraceae TABLE PLANTS
뽕나뭇과의 테이블 플랜트 96

아욱과 Malvaceae 97

파키라 98
파키라 밀키웨이 99

비짜루과(용설란과) Asparagaceae 100

대왕유카 101
천수란 102
송오브인디아 드라세나 103
드라세나 콘시나 마지나타 104
드라세나 콘시나 화이트홀리 105
드라세나 콘시나 스칼렛아이비스 106
드라세나 와네키 레몬라임 107
드라세나 캄보디아나 108
드라세나 콤팩타 109
드라세나 산데리아나 110
덕구리난 111
Asparagaceae TABLE PLANTS
비짜루과의 테이블 플랜트 112
산세비에리아 본셀스투키 113
산세비에리아 제라니카 114
산세비에리아 사무라이 드워프 115
산세비에리아 펀우드펑크 116
산세비에리아 펀우드미카도 117
산세비에리아 라우렌티 118
산세비에리아 마소니아나 119
아가베 뇌신 120
아가베 호리다 121
아가베 티타노타 화이트아이스 122
아가베 포타토룸스폰 123

차 례

도금양과 Myrtaceae 124
시지기움 쿠미니 125

두릅나뭇과 Araliaceae 126
셰플레라 127
셰플레라 치앙마이 128
셰플레라 앵거스티폴리아 129
셰플레라 해피옐로 130
셰플레라 콤팩타 131
아이비 132
아랄리아 엘레간티시마 133
COLUMN
셰플레라의 풍수 파워 134
폴리셔스 스타샤 135
투피단서스 136

녹나뭇과 Lauraceae 137
시나몬 138

콩과 Fabaceae 139
에버프레시 140

물레나물과 Hypericaceae 141
클루시아 로세아 프린세스 142

꼭두서닛과 Rubiaceae 143
커피나무 144

쐐기풀과 Urticaceae 145
필레아 페페로미오이데스 146

고란초과 Polypodiaceae 147
박쥐란 148

야자과 Arecaceae 149
테이블 야자 150
켄차 야자 151
피닉스 야자 152
코코넛 야자 153
운남종려죽 154
금속 야자 155

자미아과 Zamiaceae 156
자미아 푸밀라 157

후춧과 Piperaceae 158
페페로미아 푸테올라타 159
페페로미아 산데르시 160
페페로미아 젤리 161
COLUMN
잘라낸 잎으로 수경재배를 해보자! 162

극락조화과 Strelitziaceae 163
큰극락조화 164
극락조화 레기니아 165
극락조화 논리프 166

게스네리아과 Gesneriaceae 167
에스키난서스 라디칸스 168
에스키난서스 볼레로 169

선인장과 Cactaceae 170

립살리스 카스타 171

립살리스 미크란타 172

립살리스 엘립티카 173

립살리스 라물로사 174

에피필룸 앵굴리거 175

기둥선인장 176

천남성과 Araceae 177

알로카시아 오도라 178

아글라오네마 마리아 179

아글라오네마 스노우사파이어 180

아글라오네마 오스피셔스레드 181

몬스테라 아단소니 182

몬스테라 183

히메몬스테라 184

스킨답서스 185

형광 스킨답서스 186

마블퀸 스킨답서스 187

싱고니움 픽스테 188

싱고니움 핑크네온 189

필로덴드론 셀로움 190

필로덴드론 버킨 191

필로덴드론 로조콩고 192

필로덴드론 옥시카르디움 193

필로덴드론 옥시카르디움 브라질 194

금전수 195

블랙 금전수 196

디펜바키아 티키 197

스킨답서스 트레비 198

스파티필룸 센세이션 199

안스리움 다코타 200

안스리움 이클립스 201

마란타과 Marantaceae 202

칼라데아 제브리나 203

칼라데아 오르비폴리아 204

칼라데아 루피바르바 205

칼라데아 마코야나 206

칼라데아 화이트스타 207

칼라데아 오르나타 208

마란타 레우코네우라 패시네이터 209

스트로만테 트리오스타 멀티컬러 210

협죽도과 Apocynaceae 211

디스키디아 누물라리아 212

디스키디아 루스키폴리아 213

아데니움 오베숨 214

파키포디움 그락실리우스 215

파키포디움 덴시플로럼 216

파인애플과 Bromeliaceae 217

우스네오이데스 218

세로그라피카 219

크립탄서스 220

네오레겔리아 퀘일 221

네오레겔리아 알티마 222

네오레겔리아 딥퍼플 223

달인이 말하는, 관엽식물과 함께하는 삶의 매력 포인트

관엽식물을 능숙하게 다루면서 만족스러운 시간을 보내는 달인들의 실제 사례를 소개합니다.
관엽식물의 매력을 돋보이게 하는 조합 방법이나 식물 코너를 더 근사하게 만드는 방법 등을 확인해보세요.

소가 히로노리

소가 히로노리 씨는 인테리어 매장 ACTUS, 식물 인테리어 브랜드인 NODERIUM에서 그린 바이어로 식물 매입과 매장 디렉션을 맡고 있습니다. 관엽식물을 장식할 때 중요하게 생각하는 부분은 집안이 너무 정글처럼 되지 않도록 인테리어와 조화를 이루게 한다는 점입니다. 일에서나 개인적으로나 모두 식물과 함께 생활하는 소가 씨에게 전문가만 아는 아늑한 공간을 만드는 방법을 배울 수 있습니다

Instagram : https://www.instagram.com/noderium/
HP : https://www.actus-interior.com/noderium/

1

원형을 주제로 꾸민 선반이다. 잎이 동그란 페페로미오이데스, 그림의 무늬, 점무늬 베고니아의 물방울무늬. 포스터의 빨간색과 점무늬 베고니아의 잎 뒷면 빨간색도 이어져 있다는 점에서 세심한 정성이 느껴진다.

POINT

화분 색을 고를 때는, 하얀 벽에 맞추기 쉬운 회색이나 흰색부터 시작해보면 인테리어에 어울리게 활용하기 좋다. 여러 색을 조합할 때는 색의 톤을 맞추는 것이 요령이라고 한다.

화분의 소재를 시멘트와 도기 중심으로 구성한 코너다. 소재로 전체를 연결해준다는 점을 의식하며 장식하였다.

왼쪽/개성적인 인테리어와 어울리는 작은 화분을 놓는다. 오른쪽/크게 자란 암스테르담킹

POINT

식물을 여기저기 흩어 놓으면 물주기가 힘들므로 화분의 크기에 맞는 용기나 물조리개를 화분 가까이 둔다. 그러면 물을 주어야 할 때 바로 줄 수 있어서 좋다. 따라 해볼 만한 아이디어다.

1

위/ 작은 창으로 엷은 햇빛이 드는 주방에는 약한 빛을 좋아하는 리프계 식물을 둔다. 선반 위에 있는 유리잔을 물 주는 도구로 쓴다. 왼쪽/이끼류를 모아놓은 공간이다. 선호하는 환경이나 물주기 빈도가 비슷한 식물을 모아두면 관리도 쉽다.

위/ 크고 넓은 창문에서 환한 빛이 들어오는 거실. 아래/ 주방 옆의 문에서 바람이 들어와, 식물이 자라기 좋은 환경을 만들어 준다. 선반 안쪽의 드라세나도 생기있게 자란다.

2

마쓰모토 리에코

꽃과 나무의 소비자 직접판매 사이트인 'AND PLANTS'의 웹 제작과 잡화 구매 담당의 어시스턴트로 근무합니다. 원래 고가구 수집과 인테리어를 좋아했는데, 소품의 하나로 관엽식물을 접하고 그 매력과 기르는 즐거움을 깨달아 점차 늘려가는 중이라고 합니다. 지금은 인테리어 코디네이터 자격도 취득해 관엽식물을 활용하는 코디네이션을 마음껏 즐기고 있습니다. 신중하게 취향에 맞는 소품을 찾고 하나씩 아이템을 늘려가며 가꾼 공간에는 아늑하고 편안한 시간이 흐르고 있었습니다.

Instagram : https://www.instagram.com/triomocotooo

POINT

봄에서 가을까지는 실외에 내놓아 식물을 건강하게 해준다. 식물을 여기저기 옮기면서 잎 뎀 현상이 생기지 않도록 상태를 살펴보며 내놓아야 한다.

위/ 실외의 화분은 자사 브랜드에서 취급하는 Ecopots을 사용한다. 무게는 가벼운데 묵직한 질감으로 회색의 색조도 여러 가지가 있는 점이 좋다고 한다. 양철 화분과의 궁합도 좋다. 왼쪽 끝의 선반에는 모아놓은 도시 화분 등을 수납했다.
오른쪽/ 선반 상단에는 예쁜 물조리개와 일광욕 중인 관엽식물들이 옹기종기 모여 있다.

POINT

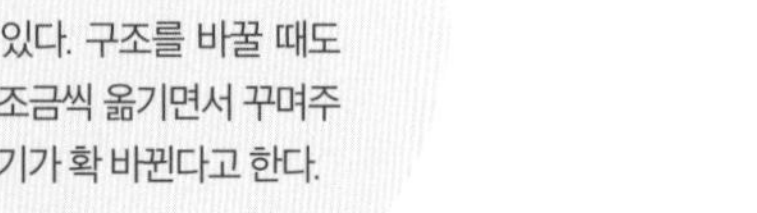

마쓰모토 씨의 집에는 곳곳에 고리가 있다. 구조를 바꿀 때도 자리를 조금씩 옮기면서 꾸며주면 분위기가 확 바뀐다고 한다.

2

왼쪽/ 친구에게 포기나누기로 받은 박쥐란. 이러한 교류도 식물을 기르는 즐거움의 하나다. 아래/ 벌레잡이풀. 공중 걸이 식물은 원하는 디자인과 크기를 구하기가 어렵다. 딱 맞는 식물을 발견했을 때의 기쁨은 한층 더 할 것이다.

POINT

특대 크기의 움벨라타는 마음먹고 거실 중앙에 놓았다. 하트 모양의 크고 부드러운 잎이 숲처럼 펼쳐져 거실에 모여드는 사람의 마음을 치유한다.

움벨라타는 '첫째가 태어났을 때 샀다'고 한다. 15호 크기로 자라 메인 트리가 되었다. 위쪽에 잎이 집중되어 있어 의외로 방해되지는 않는다고 한다.

가이

2021년부터 인스타그램 「botanical_vlog」를 시작하여 불과 2년 만에 팔로워가 15만 명이 되었습니다. 농업고등학교에서 배운 경험과 식물 애호가로서의 간단한 식물 관련 정보와 기르는 방법의 다양한 아이디어로 인기를 얻고 있습니다. 가이 씨는 가격이나 유행도 어느 정도는 중요하지만, 보기만 해도 기분이 좋아지는 수형이나 서 있는 모습이 매력 있는 식물을 고른다고 합니다. 현재 약 30종, 150그루의 관엽식물과 즐겁게 살고 있습니다.

Instagram : https://www.instagram.com/botanical_vlog/

3

POINT

파키포디움과 아가베는 밝은 방이라도 웃자람을 방지하고 옹골지게 기르기 위해 식물 조명을 활용한다.

왼쪽/ 키친 웨건은 이케아에서 구입했다. 사용한 아이템은 가이 씨의 인스타그램에서 구체적으로 소개한다. 오른쪽/ 아가베는 씨를 심어 키운 실생묘다.

POINT

가이 씨는 마음이 끌리는 수형이나 모양으로 식물을 고른다고 한다. 여러 매장을 둘러보고 결정할 때도 있지만, 놓칠 수 없는 비자르플랜트(진기 식물)는 바로 결정하기도 한다. 식물과의 운명적 만남을 즐긴다.

POINT

식물을 두는 장소는 계절에 따라 바꾸고, 물은 완전히 마른 후에 주며 조절해야 한다. 그래야 튼튼한 나무로 자라고 다소 관리가 부족하더라도 바로 시들어 버리지 않는다.

아가베 큐빅. 넘어지지 않도록 무게 있는 도기 커버를 사용한다.

알아두면 편리한 원예 용어

관엽식물과 함께 살다 보면, 기르는 방법을 알아보거나 필요한 재료, 도구를 선택해야 할 때가 있습니다. 그럴 때 알아두면 도움이 될 원예 용어입니다.

워터 스페이스

화분 안의 흙 표면에서 화분의 위 가장자리까지의 공간을 말합니다. 흙의 표면이 너무 깊으면 빛과 바람이 들기 어렵고, 너무 얕으면 물을 줄 때 물이 넘치겠지요. 작은 화분이라도 2~3cm는 공간을 만들어 줍니다.

밑동

흙에 식물이 심겨 있을 때 흙의 표면에 가까운 줄기 부분을 말합니다. 밑동이 단단하고 굵을수록 상태가 좋다고 봅니다. 건강의 척도가 되며 구입할 때 좋은 나무를 결정하는 데 기준으로 삼으면 좋습니다.

공기뿌리

땅 위의 줄기나 가지에서 나온 뿌리 같은 것을 말합니다. 흙에 들어가면 물과 영양을 흡수합니다. 천남성과와 뽕나뭇과의 관엽식물에 흔히 보이며 원생지를 연상시키는 야생적인 모습을 즐길 수 있습니다.

저면관수

물주기 방법의 하나로, 물이 담긴 얕은 그릇이나 양동이 같은 용기에 화분을 넣어 화분의 바닥으로 물을 흡수하게 하는 방법입니다. 수분이 심하게 빠진 뒤나 장기간 물을 주지 못했을 때 활용합니다.

가지치기

식물의 가지, 줄기, 잎을 자르는 일을 말합니다. 길게 뻗어나간 부분을 중간에 잘라 전체적인 모양을 정리하고, 새 가지가 나도록 촉진하지요. 관엽식물은 꾸준히 가지치기를 반복해주면서 기릅니다.

웃자람

식물의 줄기, 가지, 잎이 나는 간격이 벌어지고, 가늘고 약하게 생장하는 현상을 말합니다. 잎의 색도 옅어집니다. 일조 부족, 비료 과다로도 생기며 통풍이 좋지 않을 때도 발생합니다.

뿌리 썩음

뿌리가 흙 속에서 썩어버리는 현상입니다. 뿌리가 축축한 상태가 오래 지속되면 뿌리로 호흡하지 못하게 되어 점점 갈색이나 검은색으로 변하고 썩게 됩니다. 정상인 뿌리는 흰색입니다.

뿌리 참

식물 뿌리가 화분 속에서 너무 많이 자라 화분에 꽉 들어찬 상태를 말합니다. 뿌리가 화분 바닥으로 삐져나오거나 화분의 모양이 틀어지기도 합니다. 물과 영양 흡수가 잘 안되므로 분갈이해야 합니다.

뿌리분

화분에서 식물을 뽑았을 때 식물의 뿌리와 흙이 한 덩어리로 뭉쳐있는 부분을 말합니다. 옮겨 심을 때는 지나치게 뿌리를 풀지 않도록 하고, 뿌리에 상처가 나지 않게 조심스레 다뤄주세요.

엽수

잎의 표면에 분무로 물을 뿌리고 잎의 오염을 씻어내는 일을 말합니다. 하루에 여러 차례 실시해도 되지만 여름 더운 시간대, 겨울 추운 시간대에 수분이 남아 있으면 잎이 타버리기도 하므로 주의합니다.

잎 뎀 현상

직사광선이나 냉기에 닿은 잎이 부분적으로 손상되는 현상을 말합니다. 타버린 잎은 복구되지 않으므로 한여름과 한겨울에는 창가나 실외에서 관리하지 말고 안으로 들여 예방해야 합니다.

무늬 식물

잎과 줄기의 전 부분이 초록색이 아니라 노란색, 흰색, 연두색이 섞여 있는 식물입니다. 엽록소가 적은 부분이 얼룩무늬가 됩니다. 무늬가 들어간 품종은 여러 가지가 있으며 아름다운 잎이 매력입니다.

밑거름 · 덧거름

심을 때 미리 흙에 섞어둔 비료를 밑거름이라고 하고 그 이후, 생육 도중 영양이 적어지는 시기에 필요한 만큼 추가해 주는 비료를 덧거름이라고 합니다.

제 1 장

관엽식물에 관한 소소한 질문

관엽식물은 정원수와 다른가요?

Q & A 1

관엽식물은 정원수처럼 원래 야외에서 자라는 식물을 실내에서 기르기 쉽게 만든 것입니다. 정원수와 다른 점은 실내 환경에서도 잎이 떨어지거나 시들지 않고 잘 자랄지의 문제입니다. 그래서 제한된 일조만으로도 튼튼하게 자라는 품종이 관엽식물로 선정됩니다.

예를 들면 대만고무나무는 내음성이 있고 크기가 작을 때부터 기를 수 있어 관엽식물로 인기가 많습니다. 하지만 오키나와 등의 원생지에서는 화단이나 길가에서 쉽게 보이지요. 다시 말해 관엽식물로 판매되는 대만고무나무든 오키나와의 길가에서 정원수로 자라는 대만고무나무든 목적과 기르는 방법이 다를 뿐, 원래는 완전히 같은 식물이라는 말입니다.

왜 실내에서 기르나요?

Q & A 2

원래 살던 야외 환경과 비슷하게 만들면 실내에서도 기를 수 있습니다.

야외의 식물은 모두 태양 빛으로 광합성을 하고, 태양열과 바람에 흙이 마르면 물을 찾으려 뿌리를 뻗고, 비가 내리면 그 길게 뻗은 뿌리로 물을 흡수하며 생장합니다. 흙은 떼알 구조가 되어 배수성과 보수성을 확보할 수 있습니다. 바람은 식물을 강하게 하고, 필요한 요소를 적절하게 운반하는 역할을 합니다.

관엽식물은 화분이라는 한정된 크기의 용기에서 기르는데, 화분을 사용하면 이동하기 쉽다는 이점이 있습니다. 실내의 밝은 장소로 옮겨 정원수처럼 태양 빛을 받고, 통풍이 좋은 곳으로 옮길 수도 있습니다. 화분 안에는 먼저 바닥에 돌을 깔고, 그 위에 알갱이 크기가 다양한 관엽식물용 흙을 넣어 떼알 구조를 만들면 자연 상태에 가까워져 뿌리도 건강하게 자랍니다. 여러분의 집에 있는 관엽식물도 이 점들을 생각하면서 놓을 자리를 선정하고 물도 주세요.

꽃이 필까요? 열매도 맺을까요?

Q & A 3

관엽식물에도 꽃이 피고 열매가 열립니다. 단, 성숙하게 자란 후, 밝고 따뜻한 환경이라는 조건이 갖추어져야 합니다. 가끔, "식물원에서 ○○꽃이 피었습니다"와 같은 뉴스를 접할 때가 있는데, 그만큼 꽃을 피우기가 어렵고, 열매 맺는 일이 흔하지 않은 식물도 있습니다.

만약 꽃과 열매를 보고 싶다면, 꽃과 열매를 잘 맺는 관엽식물을 고르셔야 합니다. 예를 들면 드라세나, 극락조화, 에스키난서스, 선인장 등이 꽃을 보기 좋은 품종입니다. 인기 있는 고무나무나 에버프레시, 몬스테라는 열매를 맺기도 합니다.

어떻게 고르면 될까요?

Q & A 4

식물을 처음 맞이하는 분은 먼저 두고 싶은 자리를 정하면 고르기 쉽습니다.
관엽식물은 밝고 바람이 잘 통하는 곳을 좋아하므로 창문이 있고 전등을 켜 두는 시간이 길며 사람이 다녀 공기가 흐르는 곳이 좋습니다. 바닥에 놓을지 테이블에 놓을지까지 미리 정해 두고 가게에서 마음에 드는 식물을 찾기만 하면 됩니다.

관엽식물은 품과 정성을 들여 기르는 인테리어입니다. 아무리 기르기 쉬운 품종이라고 해도 마음에 들지 않으면 애착도 가지 않는 법입니다. 마음에 쏙 드는 화분 하나를 찾아봅시다. 집의 인테리어에 어울리는 형태와 색깔을 고르겠다, 느낌이 끌리는 대로 선택하겠다, 화분의 색과 형태로 선정하겠다, 곡선 모양인 나무 중에서 찾아보겠다 등 어떤 기준으로 선택해도 좋습니다. 가능하면 많은 식물을 둘러보고 비교하면서 확신이 드는 것을 골라보세요.

마음에 드는 관엽식물을 찾으면 잊지 말고 판매점에서 그 식물을 기르는 방법을 확인하세요.

언제 사야 좋을까요?

Q & A 5

봄에서 가을에 걸친 3월에서 10월 사이를 추천합니다. 관엽식물은 그 시기에 출하량이 많으므로 크기, 수형, 품종이 매우 다양합니다. 추위에 약해 한겨울에는 유통하지 않는 품종도 많고, 이동하는 사이에 추위에 잎이 손상되기도 합니다. 하지만 겨울에 유통되는 관엽식물도 생산지에서 밝고 따뜻한 환경에서 자라 건강 상태가 좋으므로 안심하셔도 됩니다. 집으로 가지고 갈 때나 배송 중에 식물이 손상되지 않도록 포장 방법에 신경 써야 합니다. 인터넷 쇼핑으로 구입한 경우는 출하 후 최대한 빨리 받도록 날짜를 지정하는 방법도 좋습니다.

참고로 초봄은 생산자가 그해에 가장 추천하는 품종이나 새 품종을 내놓는 계절입니다. 관엽식물을 좋아하시는 분들은 초봄에는 매장을 둘러보고 새로운 시즌의 시작을 즐겨 보시면 좋겠습니다.

필요한 환경은?

Q & A 6

앞에서 나온 질문에서도 조금씩 언급했지만 관엽식물은 밝고 통풍이 잘되는 곳에서 길러야 합니다. 추위에 약하므로 겨울철에는 10℃ 이상의 온도를 유지하는 곳이 바람직합니다. 평소에는 밝은 빛이 드는 창가에서 관리하고 겨울에는 한기가 있는 창가를 피해 살짝 안으로 들여서 에어컨이나 히터를 활용합시다. 원래 자라던 곳도 실내와 마찬가지로 아침, 저녁으로는 쌀쌀해지므로 사람이 자는 시간에는 추위에 그렇게 신경 쓰지 않아도 됩니다. 내음성이 있는 관엽식물이라도 태양 빛이 적고 연중 너무 어두운 곳에서는 건강하게 자라지 못합니다.

관엽식물이 건강하게 자라는 환경과 사람이 쾌적하게 사는 환경은 비슷합니다. 사람이 빛이 충분히 드는 일광욕실에 있어도 바람이 없으면 불편해지듯이 관엽식물도 마찬가지입니다. 사람도 식물도 모두 살기 좋은 환경을 만들어 봅시다.

COLUMN

관엽식물에 필요한 세 가지 조건

관엽식물을 잘 기르려면 빛, 물, 바람을 적절하게 공급해주어야 합니다.
각 요소가 왜 필요한지, 어떻게 공급해야 하는지 살펴봅시다.

SHINE

식물은 태양의 빛과 공기 중에 있는 이산화탄소를 활용하여 광합성을 합니다. 광합성으로 얻은 산소와 양분을 자신의 호흡과 생장을 위한 영양으로 사용하므로, 태양 빛은 살아가는 데 없어서는 안 될 중요한 요소입니다. 태양 빛이 부족할 때는 식물용 조명을 사용하여 보충하면 좋습니다.

WATER

식물 몸체의 대부분은 물로 이루어져 있고, 몸체의 유지와 생장에 물이 꼭 필요합니다. 물이 없으면 몸을 지탱할 수가 없고, 시들어 버립니다. 흙에 물을 줄 때는 흙이 잘 마른 후에 충분히 줍니다. 잎의 앞뒤에 분무기로 물을 뿌리는 엽수도 병충해를 예방하고 새순을 촉진하는 데 효과적입니다.

WIND

바람을 흐르게 하는 일은 간과하기 쉽지만 사실 매우 중요합니다. 광합성과 호흡에 필요한 이산화탄소와 산소가 골고루 공급되어야 증산이 효율적으로 이루어지고 식물이 탄탄하게 자라기 때문입니다. 직풍은 피하고 공간 전체에 공기가 흐르게 하면 됩니다. 서큘레이터 활용도 추천합니다.

누구나 쉽게 기를 수 있을까요?

Q & A 7

물론입니다. 앞에서도 말한 것처럼 빛, 물, 바람만 있으면 누구나 기를 수 있습니다. 오래 기르려면 3장에 있는 기본 관리법을 알아두면 좋습니다.

관엽식물이 생명체이기 때문에 시들어 버리지 않을지 걱정되어 쉽게 시작하기 어렵다고 하는 분도 계시지만, 저는 오히려 해보고 싶을 때 부담 없이 시작할 수 있는 낮은 장벽이 매력이라고 생각합니다. 최근에는 한 손에 들어올 정도로 조그마한 화분도 많은 매장에 전시되어 있으니, 용기를 내어 맞이해보시기를 바랍니다. 처음으로 접하는 분에게는 작은 크기 화분을 추천합니다.

관엽식물은 품종이 다양한 만큼 물을 주는 빈도나 선호하는 밝기, 크기 등도 제각각입니다. 혼자 살며 바쁘게 지내시는 분, 어린아이를 기르는 분, 반려동물과 함께 지내는 분, 여유있게 자기 시간을 낼 수 있는 분 등 각자의 라이프 스타일에 맞는 식물을 찾을 수 있습니다. 관엽식물을 기르는 즐거움은 삶의 색다른 재미가 되겠지요.

엽수가 꼭 필요할까요?

Q & A 8

꼭 필요하지는 않습니다. 다만 적절하게 해주면 건강한 생육을 도와주는 효과를 기대할 수 있습니다.

잎에 먼지가 쌓이거나 심하게 건조한 상황이 계속되면 광합성과 호흡이 어려워지고 벌레나 균이 증식하기 좋아지며 새순이 깔끔하게 자라지 않기도 합니다. 그런 상황을 방지하고, 한여름에 고온으로 생기는 장해를 예방하는 손쉬운 방법이 바로 엽수입니다.

엽수는 분무로 잎의 표면을 적시고 오염을 씻어내는 느낌으로 하면 됩니다. 이때 반드시 바람이 통하게 하여 잎이 오랫동안 축축한 상태가 지속되지 않도록 합니다. 추위로 잎이 손상되거나 습기가 차서 나무가 손상되지 않게 하기 위해서입니다.

가능하면 욕실이나 옥외(한겨울, 한여름 제외)로 옮겨서 샤워처럼 분무기로 물을 뿌려주고 그 자리에서 식물을 털어 여분의 물을 없애준 뒤, 짧은 시간 안에 말려주면 좋습니다.

건조한 시기에 수분을 유지해야 할 때는 분무기로는 부족합니다. 그때는 가습기를 사용하면 좋습니다.

꽃말이 있나요?

Q & A 9

관엽식물도 꽃과 마찬가지로 꽃말이 있는 품종이 많습니다. 원생지에서 전해지는 전설이나 풍습, 식물이 자라는 모습으로 정해집니다.

꽃말로 관엽식물의 특성을 상상해보는 일도 즐겁겠지요. 선물뿐만 아니라 집에 둘 식물도 꽃말을 생각해 고르면 즐거움이 배가 됩니다.

- **몬스테라**
  기쁜 소식, 장대한 계획, 깊은 관계
- **움벨라타고무나무**
  건강, 영원한 행복, 부부애
- **대만고무나무**
  넘치는 행복, 건강
- **파키라**
  쾌활, 승리
- **에버프레시**
  환희, 가슴 설렘

반려동물이 있어도 괜찮을까요?

Q & A 10

괜찮습니다. 단 종류에 따라서는 만지거나 먹으면 반려동물의 건강에 나쁜 영향을 주는 관엽식물도 있습니다. 반려동물에게 독이 되는 성분이나 가시 등이 없는지 확인하고 관엽식물을 선택하세요.

천남성과의 관엽식물에 들어 있는 옥살산칼슘은 피부와 점막을 손상해 염증을 일으키며, 드라세나에 함유된 사포닌은 대량으로 섭취하면 설사와 구토를 유발합니다. 아가베처럼 단단하고 날카로운 가시가 있는 품종도 조심하세요.

유해한 성분이 없어 안심하고 기를 수 있는 관엽식물도 많습니다. 4장의 도감에 '반려동물, 아기' 항목을 만들어 표시해두었으므로 참고해주세요. 개나 고양이가 흙을 건드릴까 봐 걱정되는 경우는 화분 덮개 테이블(p.53)을 화분 위에 걸쳐서 흙을 숨겨 예방할 수도 있고, 공중 걸이 식물을 사서 바닥이 아닌 높은 위치에 두고 감상하는 방법도 있습니다.

다육식물은 관엽식물과 친구인가요?

Q & A 11

다육식물과 관엽식물은 특성이 달라 장르로는 별개지만, 실내에서 기르는 식물이라는 점에서는 비슷한 분류로 묶이는 경우가 많습니다. 특히 산세비에리아나 아가베 같은 비짜루과의 식물, 선인장과나 대극과의 등대풀 등은 관엽식물로 분류되기도 합니다. 이 책에서도 관엽식물로 유통되는 주요 품종을 4장의 도감에서 다룹니다. 하지만 앞에서 말한 것처럼 다육식물과 관엽식물은 선호하는 환경과 관리 방법이 다릅니다. 다육식물은 관엽식물에 비해 줄기와 잎, 뿌리가 많은 물을 보유하므로 보기에도 훨씬 통통합니다. 건조한 환경을 좋아해 야외에서 자라는 것이 더 적합한 품종도 많습니다. 품종이 많으니, 애호가도 많습니다. 직접 씨를 심어 기르기도 하고 희귀한 품종을 수집하기도 하는 등 관엽식물과는 또 다른 즐거움을 줍니다. 관엽식물로 분류되는 일이 많은 선인장과와 비짜루과의 다육식물을 아래에서 소개합니다.

Rhipsalis

립살리스

립살리스는 열대 아메리카가 원산지인 선인장의 일종으로 숲속의 수목에 붙어 자라는 다육식물입니다. 다육식물은 건조한 환경에 강하므로 물을 자주 주기 어려운 공중 걸이 식물로 추천합니다. 사진의 품종은 카스타입니다.

→ p. 171

Cereus

기둥선인장

시중에 유통되는 기둥선인장은 귀면각이 대부분이지만, 다른 종류도 소량 유통됩니다. 통칭 '기둥선인장'이라고 합니다. 존재감 있게 우뚝 선 모습이 인기가 많으며, 꽃이 피기도 합니다.

→ p. 176

Agave

아가베

작은 화분에서 정원용 큰 화분까지 수요가 많고, 기르기 쉬우며 세련된 모습이라 인기가 좋습니다. 품종도 다양해 취향에 맞는 식물을 찾아보는 즐거움도 있습니다. 더위, 추위, 건조한 환경에 강해 초보자가 즐기기에 좋습니다.

→ p. 120

제 2 장

관엽식물 고르기와 장식하기

공간의 이미지로 고르는 심볼 트리

1m 이상 큰 나무는 인테리어의 주인공입니다. 기호에 맞게 선택해봅시다.

Ficus umbellata → p. 91

움벨라타고무나무

움벨라타고무나무는 기르기 쉬워 인기 있는 고무나무 중 하나입니다. 잎은 연초록색에 큰 하트 모양이며 다른 고무나무의 잎에 비해 두께가 얇습니다. 편안하고 자연스러운 분위기를 연출해 인기가 좋습니다.

인테리어가 되는 뛰어난 존재감

공간의 주인공이 되는 큰 관엽식물을 심볼 트리라고 합니다. 공간의 넓이에 따라 다르지만, 1m가 넘는 높이나 부피로 인테리어에 존재감을 주는 크기의 나무를 말합니다. 화분 크기는 주로 8호 이상입니다. 단독 주택이나 맨션의 거실에는 높이 130cm~2m 정도인 크기가 좋습니다.

관엽식물의 외관은 종류에 따라 다양합니다. 휴양지를 떠올리게 할만한 큰 잎이 펼쳐진 모양의 나무, 숲처럼 작은 잎이 모여 펼쳐진 자연스러운 느낌의 나무, 깔끔하게 멋진 분위기를 연출하는 나무 등 저마다의 개성이 있습니다.

기존 분위기에 맞추거나 원하는 인테리어에 어울리게 선택하면 식물이 커도 튀지 않고 조화를 이룹니다. 다음 페이지부터는 각종 인테리어에 어울리는 관엽식물을 소개합니다. 우리 집의 심볼 트리를 선택하는 데 참고해 주세요.

MODERN

모던한 공간에 어울리는 나무

모노톤을 기본으로 직선 느낌에 광택이 있는 경질 소재를 사용한 세련된 인테리어에는 짙은 초록 잎과 예술 작품 같은 독특한 수형, 간결한 수형이 어울립니다.

바로크벤저민고무나무

Ficus benjamina Barok → p. 95

잎은 동그랗게 말린 모양에 윤기 있고 짙은 초록색입니다. 다른 관엽식물에 없는 특유의 형태가 독특한 존재감을 연출합니다. 벤저민 중 새로운 품종으로 내음성이 강하고 기르기 쉬워 인기가 좋습니다.

드라세나 콤팩타

Dracaena deremensis cv. 'Virens Compacta' → p. 109

예술 작품처럼 쭉 뻗은 줄기에 짙은 초록의 윤기 나는 잎이 달린 드라세나입니다. 이름처럼 생장 속도가 느리고 비교적 작게 자라며, 내음성이 강하고, 건조한 환경에도 강한 품종입니다. 세련된 공간에 잘 어울리는 관엽식물입니다.

NATURAL

자연스러운 분위기의 공간에 어울리는 나무

원목과 자연의 색을 사용한 아늑한 인테리어에는 줄기의 질감이 느껴지는 온화한 분위기의 나무형 관엽식물이 어울립니다. 잎의 색은 너무 진하지 않고 부드러운 색의 조합으로 골라봅시다.

벵골고무나무

Ficus benghalensis → p. 80

희고 쭉 뻗은 가지에 달갈형의 뽀송한 초록색 잎이 나 있는 벵골고무나무. 고상하게 서 있는 모습이 자연스러운 인테리어에 잘 어울립니다. 곡선 모양의 나무도 많이 유통되며 세련된 카페 등에서 자주 보이는 인기 품종입니다.

에버프레시

Pithecellobium → p. 140

연두색 작은 잎이 많이 달린 숲속의 큰 나무처럼 부드럽고 웅장하게 자랍니다. 산뜻하게 서 있는 모습이 내추럴 인테리어에 잘 어울립니다. 밤에는 잎을 닫고 아침이 되면 잎을 펴는 성질이 있습니다.

ETHNIC

◇◇◇◇◇◇◇◇◇◇

에스닉한 공간에 어울리는 나무

에스닉에도 다양한 스타일이 있는데, 공통점은 이국의 정서가 있는 무늬나 색깔의 천, 대나무 소재 가구 등입니다. 이런 소품들을 깔끔하게 아우를, 잎이 큰 식물이 어울립니다.

켄차 야자

Howea belmoreana

→ p. 151

분수 모양으로 펼쳐진 잎이 특징입니다. 호텔 입구 등에 많이 장식되는 고급스러운 분위기의 관엽식물입니다. 잎의 폭이 넓고 초록색도 진해, 분위기를 차분하게 잡아줍니다. 에스닉 스타일에는 잎의 색깔이 짙은 야자가 어울립니다.

알로카시아 오도라

Alocasia odora

→ p. 178

하트 모양의 연한 잎과 기둥처럼 우뚝 선 줄기가 특징입니다. 원산지가 인도~동남아시아인 관엽식물이라 에스닉 스타일의 인테리어 식물로 들이는 경우가 많으며 현지 분위기를 느낄 수 있습니다.

SIMPLE

깔끔한 공간에 어울리는 나무

흰색과 회색의 옅은 색감으로 맞추어진 세련된 인테리어에는 여백 있는 공간 전체를 차분하게 하는 곡선이 있는 수형이나, 옅은 은색 잎을 가진 관엽식물을 추천합니다.

움벨라타고무나무

Ficus umbellata → p. 91

깔끔한 인테리어에는 S자로 굽은 세련된 수형을 들여봅시다. 너무 도드라지지 않게 옅은 초록의 큼직한 잎을 가진 움벨라타고무나무가 제격입니다. 화분 커버도 연한 회색으로 맞추어주면 공간 전체의 통일감이 높아지겠지요.

극락조화 레기니아

Strelitziareginae → p. 165

은색 잎이 특징인 극락조화는 연한 회색과 흰색을 중심으로 하는 인테리어에 무척 잘 어울립니다. 분홍색 잎맥도 멋스럽습니다. 멋들어지게 뻗은 모양이 세련된 공간에 잘 맞습니다.

JAPANESE MODERN

전통과 현대가 어우러진 공간에 어울리는 나무

나무, 대나무, 흙 등의 자연 소재에 높이가 낮은 가구로 전통의 느낌과 현대적인 멋을 함께 살려 꾸민 공간에는 세련된 진초록에 고급스러운 인상을 주는 가느다란 잎이 어울립니다.

산세비에리아 제라니카

Sansevieria zeylanica

제라니카는 진초록의 얼룩말 무늬가 특징으로 멋스럽게 뻗은 모습이 인기입니다. 내음성이 높아 실내 공간 안쪽이나 창이 작은 방에서도 자랍니다. 간접 조명과 어울리게 배치하면 인테리어의 한 부분으로 감상할 수 있습니다.

→ p. 114

운남종려죽

Rhapis humilis 'Unnan'

운남종려죽은 가늘고 섬세한 잎을 가진 품종으로 자태가 무척 아름답습니다. 바람에 살랑이는 듯한 모습이 전통과 현대가 어우러진 공간에 잘 어울립니다. 인테리어에 꼭 활용해보시면 좋겠습니다.

→ p. 154

수형으로 고르기

나무줄기가 있는 목본 유형, 잎이 주를 이루는 초본 유형 등 다양한 개성을 가진 수형이 있는데, 대표적인 식물을 소개합니다.

굽은 수형(목본 유형)

자연 수형(목본 유형)

생산자의 의지가 보이는 관엽식물의 수형

앞에서 인테리어 주제에 따라 어울리는 심볼 트리를 고르는 방법을 소개해보았습니다. 이제 여러분의 마음이 더 끌리는 수형을 찾아봅시다. 이 책을 슬쩍 넘겨 보기만 해도 알 수 있듯이 관엽식물의 모양은 정말 다양합니다. 복잡해 보이겠지만 수형은 외관상 크게 두 가지로 나뉩니다. 나무줄기가 있는 나무 수형과 잎이 중심이 되는 수형입니다.

나무줄기가 있는 수형으로는 자연스러운 모양이 되도록 키운 수형, 구부리거나 여러 포기를 모아 심어 인위적으로 만들어 놓은 수형 등이 있습니다. 모두 생산자가 시간을 들여 끌어당기고 잘라내면서 수형을 다듬어 갑니다. 비슷한 곡선의 수형이라도 생산자가 다르면 구부리는 방법이나 잎을 나게 하는 방식이 다르므로, 찬찬히 들여다보면 그 차이가 보여 오묘한 깊이가 느껴집니다.

잎이 중심이 되는 초본 유형은 부채나 분수처럼 잎이 휘면서 펼쳐지는 수형이 많은데, 잎의 두께나 크기에 따라 보이는 매력이 달라집니다. 알기 쉽게 수형을 정리해 두었으므로 마음에 드는 수형을 찾아보세요.

곧게 선 수형(목본 유형)

부채 · 분수 수형(초본 유형)

드라세나 콘시나 마지나타

Dracaena concinna marginata → p. 104

나무줄기가 있는 목본 유형으로, 한 그루 또는 몇 그루를 모아 심어 만든 곧게 선 수형

큰극락조화

Strelitzia nicolai → p. 164

대왕유카

Yucca elephantipes → p. 101

칼라테아 마코야나

Calathea makoyana → p. 206

잎이 중심이 되는 초본 유형으로 부채 · 분수 모양으로 펼쳐진 수형

3

잎의 모양으로 고르기

커다란 잎, 작은 잎, 굵은 잎, 가는 잎, 독특하게 갈라지는 잎, 어떤 잎을 좋아하세요?

잎의 다양한 모양과 색깔은 관엽식물의 묘미

관엽식물은 잎의 모양으로 인상이 크게 좌우됩니다. 관엽식물의 원생지는 전 세계 다양한 곳에 있고, 식물들은 각 환경에서 효율적으로 잘 자라기 위해 오랜 시간에 걸쳐 잎의 모양을 변화시키며 살아남았습니다. 원생지가 다른 만큼 잎의 모양도 다양합니다.

뒤에 나오는 4장의 도감에 잎의 확대 사진을 넣어두었으니 살펴봐 주세요. 둥근 잎은 편안하고 자연스러운 분위기에 잘 어울리고, 가는 잎은 멋스러운 공간에 잘 어울립니다. 이렇게 인테리어의 분위기에 잘 어울리는지 아닌지는 잎의 모양에 따라 달라집니다.

잎의 모양과 함께 잎의 색깔도 눈여겨봐 주세요. 초록색 중에도 진한 초록, 연한 초록, 농담이 섞여 있는 얼룩무늬, 또는 흰색이나 노란색이 들어간 식물도 있고 새빨간 색조가 들어가는 식물도 있습니다. 이 페이지에서는 잎을 중심으로 관엽식물을 골라보겠습니다.

잎의 색으로 고르기

잎의 색도 식물을 고르는 데 중요한 항목이다. 초록의 농담도 다양하며 포인트가 되는 특이한 색도 있다.

진한 초록

금전수

Zamioculcas zamiifolia → p. 195

연한 초록

움벨라타고무나무

Ficus umbellata → p. 91

얼룩무늬

아글라오네마 스노우사파이어

Aglaonema brevipatha 'Thai Snowflakes' → p. 180

하양

드라세나 콘시나 화이트홀리

Dracaena marginate 'White Holli' → p. 105

노랑

셰플레라 해피옐로

Schefflera arboricola 'Happy Yellow' → p. 130

분홍

스트로만테 트리오스타 멀티컬러

Stromanthe sanguine 'Multicolor' → p. 210

크기와 모양에 맞는 장식 방법

크기와 모양에 맞게 꾸민 사례를 참고하여 내 집 꾸미기를 상상해봅시다.

바닥에 둔다

6호 화분 이상~심볼 트리가 될 만한 1m 이상인 크기라면 바닥에 둡니다.

바닥에 둘 때는 화분 밑에 받침을 놓고 물이 넘치지 않게 관리합니다. 화분 커버에 관엽식물을 넣어 장식할 때도 커버 속에 받침이나 속화분을 넣습니다.

인테리어와 세련되게 어우러지도록 하려면

원하는 관엽식물이 결정되면 바로 구매해서 집안에 놓아봅시다. 이 페이지에서는 실제로 관엽식물을 장식한 사례를 보면서 머릿속에 그려볼 수 있게 해보았습니다.

테이블 사이즈의 관엽식물은 선반 위나 테이블 위 등을 활용하고 화분의 색깔이나 소재도 신중하게 골라 장식해봅시다. 작은 화분은 주방이나 침실처럼 좁은 공간에도 놓을 수 있습니다. 중형 크기는 작은 의자를 활용하거나 높낮이를 달리하여 장식하면 세련된 분위기를 만들어 주는 인테리어로 좋습니다. 크기가 큰 화분은 바닥에 놓아 인테리어의 주인공으로 활용합니다. 밑으로 풍성하게 늘어지는 벽걸이나 공중 걸이 식물은 높은 곳을 활용하면 꾸미기도 좋고 공간에 깊이가 생겨 집안을 더 근사하게 꾸미는 데 도움이 됩니다.

마지막으로 어느 크기든 식물의 생장을 예상하고 놓을 장소의 높이와 폭에 조금 여유를 두도록 합니다. 또 벽이나 모서리에 둘 때는 벽에서 15~20cm는 띄워서 빛과 바람이 잘 들도록 합니다.

선반 또는 테이블에 둔다

6호 이하의 테이블 사이즈 관엽식물은 선반이나 테이블에 늘어놓으면 보기 좋습니다.

선반 위에 놓을 작은 화분은 소재나 색을 재미있게 선택하기 좋은 크기입니다. 마음에 드는 잡화와 사진과 함께 자유롭게 장식해 보세요.

해가 잘 드는 곳에는 관엽식물용 선반을 만들어 장식하면 좋습니다. 집안에서 마음에 쏙 드는 공간이 될 것입니다.

식물용 선반과 의자를 사용하여 멋스럽게 꾸몄습니다. 높이에 차이를 두어 리듬감을 주면서 친근한 인상을 줍니다.

4

천장에 격자 철망을 설치해 스킨답서스가 뻗어나가도록 아이디어를 냈습니다. 덩굴성 관엽식물은 근처에 휘감을 만한 곳을 만들어 주면 기어가듯이 자랍니다.

높은 곳에 두고 · 매달고 · 걸어둔다

쇠고리를 걸어 아래로 늘어뜨립니다.
자유롭게 쭉쭉 자라는 모습을 보면 기분이 좋습니다.

레이스 커튼으로 차광한 창가에 걸어 놓은 스킨답서스 글로벌 그린입니다. 포트 사이즈는 무게도 신경 쓰지 않아도 되므로 커튼의 레일을 활용해도 좋아요.

벽 한 면을 가득 채운 박쥐란은 늘 꿈꾸던 식물 인테리어 스타일입니다. 식물을 걸어 놓은 판의 소재나 디자인도 다양하므로 자기만의 취향을 살린 코너를 만듭니다.

집안 어두운 곳에 놓아도 괜찮아요!

공간은 있는데 햇빛이 들지 않아 관엽식물을 둘 수 없다고 생각할 필요는 없습니다.
식물용 조명을 활용해봅시다.

실내의 어두운 곳도 식물 육성 조명을 사용하면 관엽식물 코너로 만들 수 있습니다. 고가구와 화분에 필로덴드론 쿠카부라가 최고의 조합입니다.

식물을 놓을 곳의 범위를 넓혀주는 식물용 조명

식물 육성 조명은 전구 형태가 많이 유통되는데, 가지고 있는 조명 가구에 간단하게 붙이면 됩니다. 태양광에 가까운 파장의 빛으로 관엽식물의 광합성과 생장을 촉진합니다. 식물용 조명을 사용했더니 꽃이 폈다는 사례도 많습니다. 최근에는 너무 눈에 띄는 분홍색이나 흰색이 아니라 사람의 눈에도 부드러운 따뜻한 색의 육성 조명도 나옵니다. 인테리어를 저해하지 않고 관엽식물을 기를 수 있어 인기가 좋습니다. 식물 육성 조명은 종류에 따라 다르겠지만, 하루의 절반인 12시간 정도만 켜두어도 효과가 있습니다. 집을 비울 때 커튼을 닫아 놓은 상태라도 관엽식물의 건강을 유지하게 해주므로, 여행으로 집을 장시간 비울 때 안심하고 사용할 아이템입니다.

→ 식물용 조명 p.53

5

관엽식물의 크기

화분 크기 단위인 '○호'는 화분의 크기나 높이를 가늠하기 어렵다고 하시는 분이 많습니다.
이번에는 알기 쉽게 높이로 표기를 정리해봤습니다.

벵골고무나무 XL

Ficus benghalensis → p. 80

벵골고무나무 L

Ficus benghalensis

XL 사이즈 140~240cm

화분 크기 10~12호

L 사이즈 110~140cm

화분 크기 8~10호

화분 크기는 '1호=지름 3cm'라고 기억해두세요

관엽식물의 크기는 화분의 호수로 나타내는 경우가 일반적입니다. 호수란 화분의 바깥지름으로 정해지는 사이즈 표기입니다. 화분의 호수는 1호 = 바깥지름 3cm입니다. 호수가 커지면 ×3으로 바깥지름이 커집니다.

관엽식물의 키는 대체로 화분의 호수에 비례해서 커지지만, 일부 잎이 중심이 되는 식물이나 다육식물처럼 키가 자라지 않는 품종은 예외도 있습니다. 화분의 호수와 식물 키의 대략적인 기준을 아래 사진에 담았으니 참고해주세요. 혼자 사는 공간이라면 심볼 트리는 M~L 사이즈 정도가 좋습니다. 가족이 함께 사는 넓은 거실이라면 L~XL 사이즈를 추천합니다. 또 흔히 보이는 조그만 검은 비닐 포트는 3호 또는 3.5호입니다. 일반적으로 이 정도의 크기가 유통량이 많습니다.

→ 화분 고르기 p.66

벵골고무나무 M

Ficus benghalensis

M 사이즈 80~110cm

화분 크기 7~8호

벵골고무나무 S

Ficus benghalensis

S 사이즈 30~80cm

화분 크기 5~6호

히메몬스테라

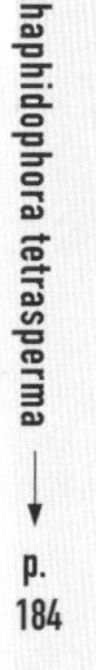

테이블 사이즈

테이블에 놓을 정도로 작은 화분으로, 화분 크기는 3~5호, 높이는 대략 15~70cm 정도입니다. 테이블 사이즈의 관엽식물은 품종도 다양하여 편하게 둘 수 있습니다. 개수를 늘려 즐겨보면 좋겠지요. 단, 3~4호인 관엽식물은 작고 흙의 양도 적기 때문에 체력이 약하고 물도 빨리 없어지는 경우가 많습니다. 자주 상태를 살피면서 기르세요.

실제 사례로 배우는 관엽식물 배치와 감상

깔끔하고 편안한 공간에 관엽식물을 배치해봅시다. 핵심은 배치와 식물의 감상법입니다.

BEFORE

공간 전체에 빛이 드는 밝은 거실. 천장 행거를 활용해도 좋겠습니다. 앤티크 가구와 조명 등을 엄선한 인테리어에 잘 어울리는 식물을 놓아주세요.

천장 행거

에어컨 바람의 방향, 전체의 균형을 보면서 배치

배치한 식물의 수는 모두 9개입니다. XL 사이즈 1개, M 사이즈 1개, 테이블 사이즈 5개(에어 플랜트 포함), 공중 걸이 식물 2개입니다. 배치는 밝고 동선에 방해되지 않는 창가를 중심으로 놓아봅시다. 왼쪽에 있는 에어컨 바람이 직접 닿으면 창가의 식물은 잎이 상하므로 에어컨의 바람 방향은 거실의 중앙으로 가도록 설정합니다. 다음으로 심볼 트리의 자리를 정합니다. 에어컨의 바람이 직접 닿지 않고 다이닝룸으로 가는 동선을 방해하지 않으며 양쪽에 있는 천장 행거에 걸리지 않는 자리인 집안 중앙에 배치하였습니다. 공중 걸이 식물은 물주기 등의 관리가 필요하므로 공간이 넓은 좌측에 두겠습니다. 그다음 작은 화분을 선반 위에 늘어놓으면 완성입니다. 배치는 생활의 동선에 방해되지 않는지, 손질하기 좋은지도 중요합니다. 식물의 감상에 관해서는 다음 장에서 소개합니다.

AFTER

큰 식물은 회백색 화분에, 작은 화분은 벽돌색 마감재에 맞추어 테라코타 색으로 맞추어 포인트를 주었습니다. 공중 걸이 식물을 활용해 세련미가 한층 높아졌습니다.

POINT 1

사다리 선반에는 작은 화분을 여러 개 놓으면 멋스럽습니다. 가로 폭에 여유 있는 공간이므로 작게 정돈된 수형보다는 옆으로 잎을 활짝 벌리며 자라는 필로덴드론과 산세비에리아가 좋습니다. 에어컨 날개는 거실 중앙을 향하게 합니다.

POINT 2

공중 걸이 식물은 아래로 늘어지는 유형의 립살리스와 아이비를 사용하였습니다. 자연 소재의 바구니를 사용하여 인테리어에 잘 녹아들게 해보세요. 화분의 크기가 획일적으로 보이지 않게 높낮이를 조절하고 생동감 있게 배치하는 것이 포인트입니다.

POINT 3

첫눈에 반한 스트로만테입니다. 특유의 분홍색은 언뜻 화려해 보이지만, 인테리어 기조 색인 흰색에 화분 색을 맞추어 포인트 색의 역할을 하면서 공간에 한껏 녹아들었습니다.

POINT 4

의외로 집안 가운데에 심볼 트리를 두면 독특하고 멋스러워지므로 추천합니다. 줄기가 희고 잎은 광택 없이 보송한 벵골고무나무는 편안한 인테리어에 잘 어울립니다.

POINT 5

벽에 둘러싸여 종일 일조시간이 그리 길지 않은 자리에는 내음성이 높은 히메몬스테라를 둡니다. 벽을 타고 기면서 자라는 습성이 있어 점차 잎이 선반 위를 수북하게 덮으며 뻗어나갈 것입니다. 기르면서 확실히 기쁨을 느낄 수 있는 인테리어겠지요.

AFTER + α

공간 전체에 빛이 드는 밝은 거실. 천장 행거를 활용해도 좋겠습니다. 앤티크 가구와 조명 등을 엄선한 인테리어에 잘 어울리는 식물을 놓아주세요.

POINT 6 아이비처럼 늘어지면서 자라는 식물은 선반 위에 장식해두면 독특한 색감과 매력을 보이므로 세련된 인테리어에 활용하기 좋은 수형입니다. 길게 자라면 중간을 잘라서 유리 용기에 넣어 수경재배도 할 수 있습니다.

POINT 7 심볼 트리 밑에는 S, M 사이즈의 화분을 바닥에 두거나 화분 선반을 사용하여 테이블 사이즈 식물을 놓으면 균형 있게 여러 개를 둘 수 있습니다. 식물의 수가 늘어나면 선반을 구매해도 좋겠습니다.

POINT 8 공중 걸이 식물은 수가 많아 보이지만, 사실 이 공간에 있는 식물은 분류상으로 두 종류의 과뿐입니다. 물 주는 방법과 선호하는 환경이 같아 관리에 손이 덜 가면서, 품종은 달라 잎의 모양과 형태의 차이를 즐길 수 있습니다.

POINT 9 빛이 잘 들어 식물이 자라기 좋은 오른쪽 창문 앞 공간은 과감하게 창 전체를 식물 공간으로 만들면 좋겠습니다. 바닥에 두는 식물과 매달아 놓은 공중 걸이 식물이 차분히 어우러져 초록 커튼처럼 보입니다.

POINT 10 관엽식물은 반려동물과 함께 길러도 됩니다. 식물에 독이나 가시가 있는지 미리 확인하고, 위험성이 있다면 반려동물이 접근할 수 없는 곳에 두든지 아예 들이지 않아야 합니다.
* 사진의 품종 일부는 촬영을 위한 설정으로, 반려동물에게 유해한 식물도 있습니다.

제 3 장

관엽식물 손질하기

구입 후의 관리 흐름

관엽식물을 산 다음 어떻게 가꾸고 관리해야 하는지 대략 살펴볼까요?
먼저 식물을 새로운 환경에 적응하게 한 후, 본격적으로 손질을 합니다.

STEP 1

처음 2주 동안은 지켜본다

관엽식물은 급격한 환경 변화에 스트레스를 받습니다. 원래 땅에 뿌리를 내리고 움직이지 않고 살아가므로 갑자기 일조나 기온이 바뀌면 놀라서 잎을 떨구기도 합니다. 생산자 → 화훼시장 → 가게 → 집 순서로 이동하므로, 보기에는 생생해도 다소 지쳐있습니다. 당분간은 밝고 따뜻한 장소에 두고 차분히 지켜보세요. 흙이 마르는 주기를 확인하고 잎과 줄기에 변화가 없는지 잘 관찰하세요.

STEP 2

당분간은 분갈이하지 않고 감상한다

유통되는 대부분의 관엽식물은 생산 단계에서 적절한 크기의 화분에 관엽식물용 흙과 비료에 심어져 뿌리가 안정된 상태로 우리 손에 들어옵니다. 1년 정도는 그대로 화분에서 건강하게 자라므로 안심하세요. 원하는 화분으로 옮겨 심고 싶을 때나 처음부터 뿌리가 화분에 가득 차 있는 경우는 STEP 1을 거친 후에 구매한 화분보다 한 단계 폭이 넓은 화분을 골라 옮겨 심어주세요.

STEP
3

정성을 들이면서 식물과 가까워진다

집에 들인 지 한 달 정도 지나면 관엽식물도 새로운 환경에 적응되고, 우리도 물을 주는 주기를 알게 됩니다. 분무기로 잎에 물을 뿌리거나 물을 주면서 매일 돌보는 즐거움을 느껴봅시다. 잎과 가지를 만져보면서 문제가 없는지 새싹의 생장 상태는 어떤지 관찰합니다. 생장기에는 특히 눈으로 봐도 알 정도로 자라기 때문에 매일 지켜보는 재미가 있습니다. 다음 단계 크기의 화분으로 옮겨 심으려면 적응된 이 시기 즈음이 좋겠습니다.

STEP
4

많이 자라면 가지치기와 분갈이를 한다

관엽식물은 정기적으로 가지치기와 분갈이를 해야 건강하게 자랍니다. 매년 봄에 그루마다 가지치기와 분갈이를 할지 점검합니다. 가지치기는 복잡한 부분을 솎아내거나 길게 늘어진 부분을 잘라주면 됩니다. 원예용 가위가 있으면 어렵지 않습니다. 분갈이를 하려면 용기가 필요하다고 하는 분도 많지만, 핵심만 정확하게 파악하면 큰 실패 없이 할 수 있습니다. 다음 장에서 자세하게 설명할 테니 참고하세요.

2 준비해두면 도움이 되는 관리 도구

식물을 기르는데 처음에는 물조리개와 분무기만 있으면 됩니다!
그 외의 관리 도구는 관엽식물의 생장에 따라 필요한 물품을 하나씩 갖추어봅시다.

○ = 반드시 준비
△ = 필요에 따라 준비

기본적인 관리 도구

○

물조리개

물을 줄 때는 물조리개가 있으면 편리합니다. 목과 출구가 가늘고 길어 물을 줄 때도 물이 가늘게 나옵니다. 그 덕분에 흙이 튀어 잎에 묻는 것을 방지하고, 밑동 쪽 잎과 가지에 방해받지 않으며 흙 위에 골고루 물을 줄 수 있습니다.

○

분무기

잎의 오염을 씻어 내거나, 여름철에 잎의 온도가 올라갈 때 온도를 낮추는 효과가 있습니다. 물이 미세하게 나오는 안개형이 좋습니다. 예쁜 디자인으로 나온 제품도 많아서 손질 시간을 즐겁게 만들어 주는 아이템입니다.

○

원예용 가위

원예용 가위를 하나 구비해두면 좋습니다. 너무 길어진 잎과 가지를 적절한 시기에 잘라내어 주면, 빛과 바람이 잘 들어 새순도 잘 자라고 수형도 정돈됩니다. 가지치기를 하고 나면 반드시 수액을 닦아 청결하게 유지합니다.

△

물주기 알리미

물 주는 시기를 챙기기 어려운 분이나 흙 속의 건조한 정도를 알기 어려운 큰 화분에 식물을 기르는 분께 추천합니다. 흙이 마르면 색이 변해 물을 줘야 할 시기를 알려줍니다.

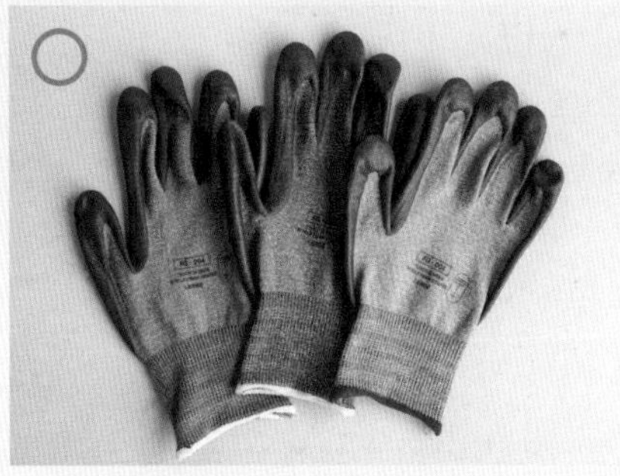

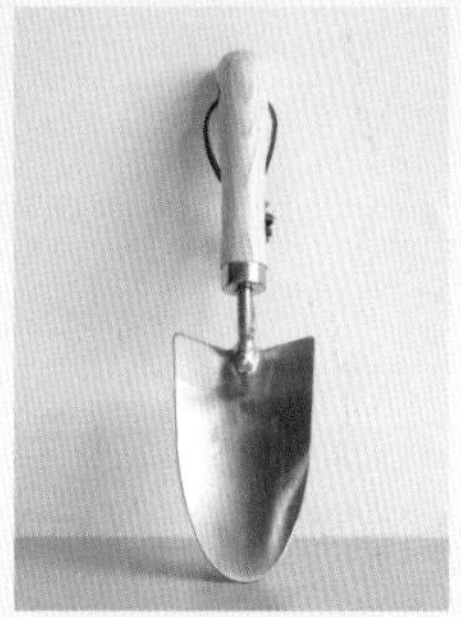

정원용 장갑

분갈이, 가지치기를 할 때 사용하기 좋은 정원용 장갑입니다. 없어도 작업은 되지만, 흙으로 인한 오염을 방지하고 나무에 따라 가지치기할 때 수액에 닿으면 가려운 품종도 있기 때문에 손질·관리 시 손을 보호하기 위해 사용하면 좋습니다.

삽

삽이나 모종삽은 분갈이 작업 시에 필요한 양의 흙을 뿌리 쪽에 조금씩 넣어주기 위해 필요합니다. 관엽식물이 자라면 언젠가는 작업을 하게 되므로 정원용 장갑과 같은 시기에 준비해두면 좋습니다.

관엽식물을 기르며 쾌적하게 지내기 위한 용품

바크

흙 위에 깔아 깔끔하게 흙을 가려줄 뿐만 아니라 흙이 건조해지는 사태를 방지하고 잡초를 억제해주며, 추위와 더위로부터 뿌리를 보호하는 역할도 합니다. 이런 멀칭에는 통기성이 높은 황마 소재도 추천합니다.

식물용 조명

태양광에 가까운 파장의 빛으로 관엽식물의 생육을 도와줍니다. 빛이 부족한 장소에서도 관엽식물을 건강하게 기를 수 있습니다. 크기나 형태는 다양한 종류가 있으므로 놓을 자리에 맞추어 조도와 크기를 선택해보세요.

화분 덮개 테이블

흙을 가리면서 인테리어로도 활용하는 아이템입니다. 테이블에는 손질 도구나 작은 화분을 놓아도 좋습니다. 밑동의 구멍으로 공기가 들어가기 때문에 식물에도 친화적인 설계로 되어 있습니다. 반려동물이나 아기가 흙으로 장난치는 일을 방지하는 역할도 합니다.

바퀴형 받침대

큰 화분은 바람과 빛을 쏘이기 위해 창가에 이동하거나 청소, 구조 변경 시에 옮기기가 어렵습니다. 바퀴가 달린 받침에 화분을 올려두면 물주기도 그 상태로 가능하고 이동도 쉽게 할 수 있습니다.

3

계절별 관리 캘린더

관엽식물의 생육에는 따뜻한 계절이 좋습니다.
사계절이 있는 지역에서는 계절별로 조금씩 배치와 관리 방법이 다릅니다. 아래의 표를 참고하세요.

	봄 3~5월 따뜻해지면 생육기에 들어선다.	여름 6~9월 본격적인 생육기
배치	관엽식물을 놓는 장소의 기본인 '밝고 따뜻하고 통풍이 좋은 곳'에서 관리합니다. 봄은 생육을 시작하는 시기입니다. 가능하면 오전부터 햇빛이 드는 곳에 두어 광합성을 촉진합니다. 생장에 필요한 영양을 듬뿍 만듭니다.	직사광선을 피해 레이스 커튼으로 차광한 밝은 곳에서 관리합니다. 한여름에는 10분만 옥외에 두어도 잎이 타 버리는 경우도 있으므로, 옥외에서 물을 주는 일은 피하세요. 다육식물은 옥외에 둡니다.
물주기	물주기의 기본인 '흙이 화분의 가운데 부분까지 마르면 화분 바닥으로 물이 나올 정도의 양을 듬뿍' 따라줍니다. 따뜻해지면 흙이 마르는 주기가 짧아지므로, 흙이 너무 마르지 않도록 자주 확인하면 좋겠습니다.	물을 자주 주어야 합니다. 특히 크기가 작으면 아침, 저녁으로 흙의 건조 상황을 확인합시다. 높은 온도로 인해 잎이 타거나 그루가 손상되지 않도록 물주기와 엽수는 더운 한낮을 피해 시원한 오전이나 저녁에 합니다.
비료	최저기온 15℃를 기준으로 비료를 줍니다. 상태가 좋으면 효과가 서서히 나타나는 고형 비료도 좋습니다. 겨울을 보내며 다소 생기가 없어진 식물은 즉효성이 있는 액체 비료로 시작합니다.	6, 7월에는 고형이나 액체 비료를 줍니다. 단, 35도 전후의 폭염이 계속되면 관엽식물도 더위를 먹어 생육이 더뎌집니다. 지쳐있을 때 비료를 주면, 뿌리에 부담이 더해지므로 피해야 합니다.
그 외 관리	가지치기는 고무나무 같은 목본 유형(p.36) 관엽식물이라면 4월 이후에 가능합니다. 필로덴드론 등의 잎 중심 초본 식물(p.36)은 기온이 너무 낮으면 손상되기 때문에 최저기온 15℃ 이상을 기준으로 합니다. 분갈이도 최저기온 15℃ 이상이 될 때까지 기다립니다. 가지치기 분갈이 비료 가지치기, 분갈이, 비료주기는 서두르지 말고 최저기온을 기준으로 합시다.	가지치기, 분갈이, 비료주기를 합니다. 더운 여름은 생장기입니다. 튼튼한 뿌리를 내리고 몸을 굵어지게 하며 좋은 잎을 키웁니다. 단, 폭염일 때는 가지치기, 분갈이, 비료주기는 좋지 않습니다. 기온을 보면서 관리합시다. 가지치기 분갈이 비료 최고기온 30℃까지가 가지치기, 분갈이, 비료주기의 기준입니다.

가을 10~11월

서서히 생육기가 끝난다

옥외에 내놓은 화분은 겨울이 되기 전에 실내로 들입니다. 실내에는 항상 밝고 따뜻하며 통풍이 잘되는 장소에 둡니다. 이 시기는 햇빛이 부드러우므로 창가에 직접 햇빛을 쐬어도 좋습니다.

한여름에 비하면 흙이 마르는 속도가 느려져 조금 여유가 생깁니다. 여름처럼 계속 물을 주면, 뿌리가 썩어버리기 때문에 흙이 완전히 말랐는지 손으로 확인하면서 물을 줍니다.

물을 줄 때 액체 비료를 주어 겨울이 오기 전에 나무의 상태를 튼튼하게 해주려고 노력해야 합니다. 최저기온이 15℃ 이하로 내려가면 비료를 더 주지 않습니다. 비료가 남아있지 않는지 확인하고 남아 있으면 제거합니다.

가지치기는 최대한 피하고 분갈이는 뿌리를 자르지 않도록 크기를 한 단계만 올리는 분갈이만 합니다. 겨울이 오기 전에 뿌리와 가지, 잎에 손상이 너무 많으면 회복하기 어렵고 상태가 나빠집니다.

분갈이 비료

겨울이 오기 전에 나무의 상태를
잘 다듬어 둡니다.

겨울 12~2월

추운 겨울은 휴면기이므로 손질은 최소한으로

실내의 밝고 따뜻한 곳에서 관리합니다. 창을 닫아 놓는 겨울에는 서큘레이터를 활용하여 공기의 흐름을 만들어 주세요. 창가는 바깥의 찬 공기가 들어오기 때문에 창문에서 조금 떨어져 공간의 가운데 쪽으로 이동합니다.

휴면기는 흙이 마르는 속도가 느려져 물을 주는 횟수가 적어집니다. 찬물에 식물이 차가워지지 않도록 상온의 물을 따뜻한 낮에 줍니다.

* 난방이 오래 켜져 있으면 뿌리의 활동이 계속되어 물을 주는 빈도가 줄어들지 않는 경우도 있으므로 관찰하면서 줍니다.

추운 겨울에는 비료가 뿌리를 손상하기도 하므로 쉬어줍니다. 따뜻한 실내에서 자라며 추위가 없는 경우는 액체 비료를 한 달에 한 번 정도 주면 좋지만, 아침저녁으로 추워지면 주지 말고 봄을 기다리세요.

건조한 이 계절은 가습기 등으로 습도를 보충하면 좋습니다. 또 봄을 대비해 잎의 상태를 유지하는 데 유의합니다. 젖은 수건으로 잎의 앞, 뒷면을 닦거나 분무기로 표면의 오염을 씻어냅니다.

따뜻하게 한다

무조건 따뜻하게!
손질은 최소한으로 합니다.

물주기

물주기는 화분 안에서 흙과 뿌리가 어떻게 움직일지 생각해보면 쉽습니다.
구조를 이해하고 핵심을 잘 알아두어야 합니다.

뿌리는 물과 산소를 원한다!

물주기는 '흙이 안까지 잘 마르면 화분 바닥에서 물이 나올 정도로 듬뿍 준다'가 기본입니다. 그 이유는 위의 그림을 보면서 알아보겠습니다.

우선 화분 속의 흙이 마르면 공기덩어리(그림)가 생기고 거기에 뿌리가 호흡하며 내놓은 노폐물이 쌓입니다. 또 흙이 마르면 뿌리는 '물을 원하는 상태'가 되어 뿌리를 뻗습니다.

이 시점에 흙 위에 골고루 물을 흘려 주면, 물과 산소가 흙 안으로 들어갑니다. 마른 채로 길게 뻗어 있는 뿌리는 그 물과 산소를 끌어들여 영양을 만들거나 호흡합니다. 또 흙 속에 차 있던 노폐물을 함유한 공기는 화분 바닥으로 물과 함께 배출됩니다.

화분에서 자라는 경우 흙이 마르고, 물이 공급되고, 노폐물이 배출되는 세 단계의 회전이 빠를수록 관엽식물에는 신진대사가 원활한 좋은 환경이 됩니다. 그러므로 흙이 빨리 마르게 하기 위해서도 관엽식물을 기르는 데 필요한 환경인 '햇빛'과 '통풍'이 필요하겠지요.

이 점을 잘 기억해두면 물을 많이 주어야 한다는 고정관념이 없어지고 흙을 잘 말리는 일이 중요함을 깨닫게 되어 과잉 물주기는 사라지고 뿌리 썩음도 예방하게 됩니다.

물주는 시간은 오전 중으로 하고, 여름에는 시원한 저녁도 좋습니다. 겨울은 따뜻한 낮 동안에 끝내야 합니다.

또 분무기로 잎의 앞뒤에 물을 뿌리는 엽수도 효과적입니다. 수분을 싫어하는 벌레와 세균도 예방하고, 잎의 오염을 씻어내는 효과도 있습니다.

POINT 1

흙 속까지 잘 말린다

흙의 표면은 건조해도 흙 속을 조금 파 보면 축축한 경우가 많습니다. 물주기 알리미나 나무젓가락을 꽂아 확인하거나 화분의 무게로 건조 상황을 확인해도 좋습니다. 꼭 흙을 만져보기를 권합니다.

POINT 2

물은 흙 위에 골고루 뿌려준다

물을 줄 때는 밑동 부근에만 주거나 화분 가장자리를 따라 주지 않고, 흙 위에 골고루 물을 뿌립니다. 흙 속에 물의 통로를 많이 만들어 흙 속에 쌓인 노폐물을 화분 밑으로 밀어 흘려보내는 모습을 떠올려 보세요.

POINT 3

화분 받침에 고인 물은 버린다

노폐물을 함유한 물은 받침에 고이게 되는데 버리든지 닦아 내세요. 물이 고인 채로 두면 벌레와 세균의 온상이 되고, 뿌리가 튀어나오기라도 하면 노폐물을 함유한 물을 다시 흡수해버려 식물에 좋지 않은 영향을 줍니다.

POINT 4

계절에 따라 빈도와 양을 조절한다

뜨거운 여름은 기온이 높고 생육기이므로 흙이 잘 말라 빈도가 올라갑니다. 추운 겨울은 기온이 낮고 휴면기이므로 흙이 잘 마르지 않아 빈도가 낮아집니다. 겨울은 마르는 속도가 너무 느린 화분은 양을 줄여도 좋겠습니다.

POINT 5

엽수를 해준다

주지 않아도 건강하게 자라겠지만, 잎의 오염을 씻어내거나 새순이 나는 시기에 습도를 보충하여 생육에 좋은 영향을 줍니다. 여름에는 낮, 겨울에는 저녁 이후에 잎에 주고 수분이 남지 않도록 합니다. 수분이 남으면 잎 뎀 현상의 원인이 됩니다.

부재 시 물주기는

여름

외출하기 전에 물을 준다 해도 3일 이상이면 물 부족이 염려됩니다. 급수기를 사용하거나 기온 차가 적은 욕실에 피난시킵니다. 5일 이상일 때는 지인에게 부탁하는 방법도 검토해보세요. 또 바람이 통하지 않은 상태로 온습도가 급격히 올라가면 식물은 축 늘어집니다. 에어컨 타이머 기능으로 하루에 몇 시간씩만 가동하는 방법도 있습니다.

겨울

3일 정도라면 비교적 안전합니다. 다만 외출 직전에 물을 준 다음 실내가 추워지면 뿌리가 손상됩니다. 아침, 저녁으로 싸늘한 시간대에 온풍기를 타이머 기능으로 가동해 냉해를 방지합시다.

흙이 마르면 수분을 공급하는 급수기

5

비료

비료는 관엽식물의 건강 상태를 향상하게 해줍니다.
시기, 용량, 용법을 지키며 줍시다.

● 비료의 필요성

관엽식물은 땅에서 자라는 경우와 달리, 흙의 양이 제한된 화분에서 자랍니다. 식물이 자라는 동안에 흙 속에 있는 영양분이 줄어들게 되므로 정기적으로 비료를 주어 영양분을 보충해야 합니다.

기억해두어야 할 3대 영양소와 2차 영양소

비료에는 관엽식물의 생장에 필수불가결한 3대 영양소로 불리는 영양분이 함유되어 있습니다. 사람으로 말하자면 주식인 쌀이나 빵과 같은 의미입니다. 시판되는 비료에는 반드시 세 가지 영양소의 비율이 쓰여 있으므로, 각 요소가 어떤 효과가 있는지를 알아두고 식물의 상태에 맞게 비료를 선택하면 됩니다. 예를 들면 올해는 잎을 크게 만들어야겠다고 생각했다면 그에 맞는 영양소가 많은 비료를 선택하면 되겠지요. 다만 일반적으로 '관엽식물용'이라고 쓰여 있는 비료는 뿌리, 잎, 줄기, 열매 등에 골고루 효과가 좋은 배합으로 만들어져 있으므로 건강한 상태인 식물에는 관엽식물용을 고르면 됩니다.

다음으로 2차 영양소는 주식인 3대 영양소를 보충해주는 역할을 하는 요소입니다. 식물의 생장을 활성화하는 효과가 있어 활력제라는 이름으로 판매됩니다. 활력제에는 미량원소도 포함되어 있는데, 사람으로 치면 비타민제나 영양제 같은 것입니다.

3대 영양소와 2차 영양소를 잘 활용하면 관엽식물은 튼튼하게 자랍니다.

● 3대 영양소

질소 N

잎에 효과가 좋다. 잎과 줄기의 생육 촉진한다. 몸체를 크게 한다.

인 P

꽃과 열매에 효과가 좋다. 꽃과 열매가 잘 맺히게 하고 뿌리도 잘 자라게 해준다.

칼륨 K

뿌리에 효과가 좋다. 뿌리의 생장을 촉진하고 식물을 저항력을 올려준다.

어느 영양소가 어디에 효과가 있는지 기억하려면
'인 · 질 · 칼 꽃이쁨(꽃, 잎, 뿌리)'으로 외워 주세요.

● 2차 영양소

마그네슘, 칼슘, 황을 말합니다. 영양의 운반, 영양 흡수 보좌, 세포 강화 등의 역할이 있습니다. 활력제에는 그 외에 생육을 돕는 미량원소도 포함되어 있습니다.

POINT 1

시기는 봄에서 가을까지

온도가 35℃ 이상이면 흡수 효율이 떨어지므로 한여름을 빼고 봄에서 가을까지가 비료를 주는 적기입니다. 한겨울에는 뿌리가 상하므로 사용하지 않습니다.

POINT 2

정해진 분량을 지킨다

너무 많으면 뿌리가 손상되고 너무 적으면 효과가 약해집니다. 사용법에 쓰여 있는 분량만큼 사용합시다.

POINT 3

좋지 않은 시기도 있다

분갈이한 직후에는 뿌리가 손상되므로 사용하지 않습니다. 한 달 정도 기다렸다가 재개합니다. 비료 성분이 적은 활력제와 발근제 등은 사용해도 좋습니다.

POINT 4

비료와 활력제를 적절히 배합한다

비료는 살아가는 데 꼭 필요한 영양소이며, 활력제는 더 건강하게 살게 하기 위한 영양소입니다. 비료를 줄 때 활력제를 함께 주면, 효과가 올라갑니다.

액체 비료
고형 비료

비료의 종류와 사용법

액체 비료

액체 형태의 비료입니다. 희석해서 쓰는 제품도 있고, 희석하지 않고 쓰는 제품도 있습니다. 물을 줄 때 희석해서 줍니다. 즉효성이 있지만, 효과가 나타나는 기간은 짧습니다.

유기 비료

동물성, 식물성 재료를 원료로 한 자연 비료로 미생물 활동을 활발하게 만들어 토양을 비옥하게 하는 작용을 합니다. 흙에 섞거나 뿌려서 사용합니다. 자연 유래이므로 성분이 고르지 않기도 합니다. 천천히 길게 효과가 나타나지만, 냄새가 강하게 나는 경우가 많습니다.

고형 비료

고형 타입 비료. 흙 위에 올리거나 흙 속에 섞어서 사용합니다. 흙이 축축할 때 점점 녹아서 천천히 흙 속에 영양이 스며듭니다. 효과가 나오기까지 다소 시간이 걸리지만 긴 시간 동안 효과가 지속됩니다.

화학 비료

무기물에서 생성한 화학비료입니다. 물에 녹아 효과가 나타납니다. 즉효성이 있지만 효과는 짧습니다. 냄새가 없고 성분이 안정적입니다.

6 잎의 손질

관엽식물을 아름답게 유지하기 위해 잎을 손질합니다.
잎의 상태는 건강의 척도이기도 합니다. 흔한 증상과 원인을 모아보았습니다.

POINT 1

마른 잎, 누런 잎을 잘라낸다

관엽식물은 오래되거나 필요 없는 잎은 누렇게 변해 말라 떨어집니다. 그 대신 새순이 돋아 자라는 과정을 반복하며 큽니다.

누렇게 된 잎은 제거해주세요. 주로 아래쪽이나 복잡한 곳에 있는 잎이 누렇게 됩니다. 전체적으로 누렇게 되는 경우는 물 부족의 신호일 가능성이 있으므로 물을 주는 주기를 다시 점검해봅시다. 물이 부족하면 잎끝만 누렇게 되기도 합니다. 그럴 때는 가위로 비스듬히 잎의 끝을 잘라줍니다.

POINT 2

오염과 먼지를 닦아 깨끗하게 한다

잎에 먼지나 티끌이 쌓이면 광합성에 필요한 엽록소를 덮어버리기 때문에 광합성이 방해를 받아 만드는 영양이 적어집니다. 또 호흡도 어려워져 힘이 없어집니다. 이런 일이 생기지 않도록 평소에 잎을 닦아 깨끗하게 해주세요. 잎의 앞면과 뒷면 모두 관리해야 합니다. 분무기로 엽수를 해서 씻어내든지, 젖은 수건으로 부드럽게 닦아주세요.

POINT 3

문제가 없는지 확인한다

잎의 상태는 건강의 척도라고 했지요. 식물은 뿌리나 흙의 이상과 환경 요인의 상태 불량 등을 잎에 신호를 주어 알려줍니다. 나타나는 신호로 어느 정도는 원인을 좁힐 수 있기 때문에 빨리 알아차리고 대처해서 큰 문제로 발전하지 않도록 합니다. 잎을 손질할 때는 잎을 만져 보고 앞뒷면을 관찰합니다. 특히, 벌레는 잎의 뒷면에 붙어 사는 경우가 많으므로 잘 확인합니다.

광택을 내면서 잎을 건강하게

식물 광택 스프레이는 잎의 오염이나 칼슘 침착을 눈에 띄지 않게 지우고, 광택을 주며 먼지나 물방울 자국이 남는 일을 방지합니다. 증산을 억제하여 잎의 색을 유지합니다.

자주 발생하는 잎의 트러블

쪼그라든다

↓

물 부족이 계속되면 발생하는 현상입니다. 뿌리가 살아 있다면 물을 듬뿍 주면 새로 잎이 나오므로 저면관수* 방식으로 물을 줍니다. 추울 때 이런 증상이 생기기도 합니다. 따뜻한 곳으로 이동해보세요.

축 늘어진다

↓

수분 과잉, 수분 부족, 추위, 일조량 부족 등을 원인으로 봅니다. 추위가 원인일 때는 동시에 잎의 색이 검게 변하는 경우도 많습니다. 일조량 부족이 원인이면 잎의 색이 연해지는 경우가 많습니다. 기본적인 물주기 관리는 잘 되는지도 한번 확인해보세요.

바싹 말라 있다

↓

물 부족입니다. 뿌리가 아직 살아 있다면 새잎이 나옵니다. 아래쪽에서 듬뿍 물을 흡수시키는 저면관수* 방식으로 물을 주고 밝고 따뜻한 장소에서 관리합니다. 마른 가지와 잎은 잘라주세요.

끈적거린다

깍지벌레와 진딧물이 붙어 있을 가능성이 높습니다. 끈적이는 물질은 배설물로, 번들거리는 것처럼 보입니다. 배설물이 있고 벌레가 붙어 있으므로 솔이나 젖은 수건으로 닦아 내고 전용 살충제를 살포합니다.

시들어 있다

이 증상은 뿌리나 환경에 문제가 있을 때 많이 나타납니다. 더위나 추위로 뿌리가 손상되었거나, 물을 너무 많이 주거나, 너무 적게 주었을 가능성이 있습니다. 뿌리 썩음이나 물 부족은 여름 휴가나 겨울 휴가에 집을 비웠을 때 일어나기 쉬우므로 p.57을 참고하여 대책을 세워보시기를 바랍니다.

잎이 떨어진다

잎이 초록색인 상태로 계속 떨어지는 문제는 환경이 맞지 않아 생기는 뿌리 썩음이 원인일 가능성이 있습니다. 잎이 누렇게 되어 떨어지는 경우는 계절이 바뀔 때라면 단순히 식물의 신진대사로 생각해도 됩니다. 또 뿌리 참이나 물 부족이어도 같은 증상이 나타납니다.

하얗게 색이 변한다

한여름 직사광선에 잎이 탔을 가능성이 높습니다. 불과 10분 동안 옥외에 꺼내 놓기만 해도 타버리므로 주의하세요. 한번 탄 잎은 원래대로 돌아가지 않습니다. 탄 잎은 신경 쓰이면 가을이 되기 전에 잘라줍니다.

누렇게 색이 변한다

물 부족이나 잎응애일 가능성이 높습니다. 잎응애일 때는 바랜 듯이 잎의 색이 빠져 누렇게 됩니다. 손으로 잎을 만져보면 거슬거슬하게 먼지 같은 무언가가 묻습니다. 잎응애는 발견하면 바로 물로 씻고 스프레이형 약제를 뿌려주세요.

검게 색이 변한다

물을 너무 많이 주거나, 추위, 일조량 부족 등이 원인일 가능성이 있습니다. 어둡고 추운 환경에 두었다면 밝고 따뜻한 곳으로 옮겨 주세요. 색이 변한 부분은 봄~가을에 잘라냅니다. 물주기에 관해서는 p.57을 확인해보세요.

* 물을 채운 용기에 화분을 넣고 화분 바닥을 통해 물을 흡수시키는 방법이다. 화분 속에 골고루 물이 퍼지게 한다.

트러블 대책

관리를 제대로 하더라도 뿌리의 상태가 나빠지거나 병에 걸리면 크고 작은 문제가 일어납니다. 증상과 대처 방법을 알아둡시다.

뿌리 썩음

뿌리 썩음이란 이름처럼 뿌리가 썩어서 손상된 상태를 말합니다.
뿌리 끝에서 조금씩 썩어들어가 점차 관엽식물 전체로 균이 퍼져 시들어 버리기도 합니다.
초기에 대처하면 개선할 수 있으므로 매일 주의 깊게 관찰하세요.

증상

- 물을 주고 나서 좀처럼 흙이 마르지 않는다
- 잎이 거무스름해진다
- 전체적으로 늘어지고 힘이 없다
- 흙에 곰팡이가 자란다

원인 물을 너무 자주 준다, 바람이 잘 통하지 않는다, 해가 잘 들지 않는다, 흙의 양이 너무 많다, 비료를 너무 많이 주었다 등의 이유로 발생합니다. 흙이 계속 축축해서 뿌리가 썩어버리는 것입니다. 비료를 너무 많이 주면, 비료 화상을 일으켜 뿌리가 마르고 작아집니다. 그 결과로 뿌리가 물을 흡수하는 힘이 약해져 흙이 젖은 상태가 계속되므로 뿌리가 썩어버립니다.

대처법 분갈이를 합니다. 화분에서 식물을 빼내어 썩은 뿌리를 제거합니다. 이때 뿌리가 너무 작아졌으면 화분 크기도 줄입니다. 같은 화분을 계속 사용하려면 물로 씻어주세요. 화분 바닥에 돌을 깔고 관엽식물용 흙을 넣어 심어줍니다. 물은 3일에서 1주일 정도 지나서 줍니다. 레이스 커튼으로 차광한 밝기에, 바람이 잘 통하는 장소에 둡니다. 손상된 잎은 잘라냅니다.

뿌리 참

뿌리가 화분 안에 꽉꽉 들어차 갑갑하고 힘들어지며, 결국 생장을 방해하게 되는 상태를 말합니다. 흙의 양도 줄고 물을 흡수하기 어렵게 되기 때문에 잎이 누렇게 되어 떨어지는 증상이 나타납니다.

증상

- 물을 주고 나서 좀처럼 흙이 마르지 않는다
- 화분 바닥이나 표면에서 뿌리가 나온다
- 잎이 누렇게 변한다
- 화분에 금이 있다

원인 관엽식물은 생장하는데, 너무 오래 분갈이를 하지 않아 발생합니다. 관엽식물이 생장하면 동시에 뿌리도 자라는데, 화분은 공간이 한정되어 있으므로 결국 화분 안에 뿌리가 가득 차고 엉키게 됩니다. 흙도 척박해지고 보습성도 떨어지기 때문에 뿌리가 물을 빨아올리기 어려운 환경이 되어 수분을 충분히 얻지 못하게 됩니다.

대처법 봄에서 가을 사이의 적당한 시기에 분갈이를 해줍니다. 화분 크기를 키울 상황이 되면 한 단계 큰 화분으로 분갈이합니다. 이때 뿌리를 털어 오래된 뿌리를 떨어내고 새로운 흙으로 바꿔 넣어줍니다. 화분을 더 크게 하고 싶지 않으면 뿌리를 1/3 정도 잘라 작게 만들고 비슷한 분량의 가지와 잎도 잘라줍니다. 기존의 화분은 물로 씻어 새로운 흙을 넣고 옮겨 심습니다.

병충해

병이나 벌레로 상태가 나빠질 때가 있는데 대부분은 초기에 대처하면 큰 영향 없이 지나갑니다. 증상, 원인, 대처법을 알아둡시다.

	증상	원인	대처법
흰가룻병	이름처럼 잎의 표면에 흰 가루를 발라놓은 것처럼 보입니다. 이는 잎의 조직을 타고 곰팡이가 퍼진 상태입니다. 차츰 다른 잎으로 옮아갑니다. 증상이 진행되면 영양을 빼앗겨 잎이 말라버립니다.	식물에 잠복해 있던 사상균이라는 미생물의 포자가 바람을 타고 비산하고 잎을 감염시킵니다. 약해진 상태에서 봄가을의 서늘한 시기에 감염이 많지만, 관엽식물은 실내에서 자라므로 비교적 잘 걸리지 않는 병입니다.	발생한 부분을 빨리 잘라냅니다. 그다음 전용 약을 살포합니다. 전용 약은 전문점에서 판매합니다. 또 평소에 바람이 잘 통하고 밝은 곳에서 관리하여 건강하게 가꾸는 것이 예방에 도움이 됩니다.
그을음병	줄기와 가지에 그을음을 뿌린 듯이 검은 가루가 보입니다. 초기에는 잎 몇 장에 퍼진 정도이지만, 줄기나 잎 전체로 퍼지기도 합니다. 문지르면 쉽게 벗겨져 떨어집니다.	진딧물이나 깍지벌레, 가루이 같은 벌레가 뿌리는 끈적거리는 배설물이 원인입니다. 이러한 배설물에 곰팡이가 발생한 상태가 그을음병입니다. 원인균은 여러 가지지만, 증상이나 발생 환경은 같습니다.	원인인 해충을 구제하는 것이 가장 좋은 대처법입니다. 물에 문지르면서 잎과 가지를 씻고 건조한 후, 전용 약제를 사용하여 구제합니다. 그을음이 떨어지지 않는 부분은 잘라냅니다.
탄저병	잎에 갈색이나 검은색 반점이 퍼집니다. 증상이 진행되면 반점의 가운데가 하얗게 바래면서 시듭니다.	탄저병은 곰팡이의 일종입니다. 고온다습한 환경을 좋아해, 비바람이 불 때나 물을 줄 때 흙이 튀어 감염됩니다. 바람이 잘 통하지 않거나 어두워 흙이 잘 마르지 않는 환경에서 발생하기 쉽습니다.	통풍을 좋게 하고 고온다습한 환경을 피해서 관리합니다. 장마철이나 여름에는 서큘레이터를 활용하여 환경을 개선해주세요. 곰팡이가 생긴 잎은 잘라내고 전용 약제를 살포합니다.
잎응애	초기에는 잎에 작고 하얀 반점이 생깁니다. 반점이 많아지면 잎이 바랜 것처럼 색이 빠지고 차차 시들어갑니다. 수가 늘어나면 가지가 갈라지는 부분이나 잎의 앞뒷면에 거미줄 같은 것도 보입니다.	바람을 타고 비산하거나 유통 과정에서 의류, 신발에 붙어 관엽식물에 달라붙습니다. 20~30℃의 기온에서 활발하게 움직이고 건조한 장소를 좋아하므로 에어컨을 오래 사용하는 실내나 공기의 흐름이 좋지 않은 장소에 발생합니다.	젖은 수건으로 잎의 앞·뒷면과 가지를 닦아 주고 전체에 물을 뿌려 씻어냅니다. 말린 후 전용 약제를 뿌려줍니다. 수분을 싫어하기 때문에 분무기를 뿌려 예방합니다.
진딧물	새순과 잎 뒷면에 붙어 영양을 빼앗아 잎이 너덜너덜해집니다. 눈에 보이므로 바로 확인할 수 있습니다. 무리 짓고 수가 늘어나면 피해가 심각해집니다. 배설물이 끈적거려서 알게 되는 경우도 있습니다.	질소 성분이 많은 비료를 과하게 주거나 통풍이 좋지 않은 환경, 해가 잘 들지 않는 환경에서 발생하는 경우가 많습니다. 옥외의 농작물에서 옮기도 합니다.	물리적으로 제거합니다. 물을 뿌려 씻어내거나 점착성이 있는 테이프로 제거합니다. 그 후 전용 약제를 뿌려 남은 진딧물을 모두 없앱니다.
날파리	흙 위나 실내에 날파리가 날아다닙니다. 물을 준 다음 부화하여 흙 속에서 나오기 때문에 물 준 후에 발견하는 경우가 많습니다.	바람이 잘 통하지 않거나 물을 너무 많이 주거나 또는 멀칭을 사용하여 흙이 항상 젖어 있고, 유기용 흙이나 유기비료를 사용하면 생기는 경우가 많습니다.	위에서 2, 3cm 흙을 제거하고, 적옥토 같은 무기물 소재로 바꾸거나, 화분 전체를 수몰시켜 안에 있는 날파리를 질식시킵니다. 또 물을 준 다음에 나오는 날파리를 전용 약제를 뿌려 제거하는 방법도 있습니다.

8

수형 손질하기

관엽식물의 생장에 맞게 가지치기를 해주면 수형이 망가져 모양이 나빠지는 현상을 방지합니다.
정기적인 가지치기는 나무를 건강하게 기르기 위해서도 꼭 필요합니다.

생육기에 실시한다

가지치기는 봄, 여름의 생육기에 합니다. 장마철은 되도록 피하고 맑고 건조한 날이 좋습니다. 이 시기는 생육이 왕성하여 가지치기 후에 새로운 잎이 나와 생장하므로 수형 회복도 빠릅니다. 겨울 휴면기에는 가지치기를 하면 잘라낸 자리에 수분 때문에 곰팡이가 생기거나 세균이 발생하며 그곳부터 식물이 손상되어 버리기도 합니다. 가지치기는 체력이 있는 따뜻한 시기에 합시다.

POINT
2

복잡하게 난 가지를 자른다

가지와 잎이 생장하고 자라면 같은 자리에서 잎이 많이 겹쳐 나기도 합니다. 그대로 두면 그 부분에 빛과 바람이 잘 들지 않아 광합성이 잘 안되기도 하고, 벌레와 균의 온상이 됩니다. 풍성한 모습을 좋아하는 분도 계시겠지만 건강한 생육을 위해서는 복잡하게 난 가지와 잎은 솎아내어 빛과 바람이 잘 들게 합니다.

POINT
3

평균 2~3년에 한 번의 주기로

가지치기 시기는 관엽식물의 생장 속도에 따라 다르지만, 평균 2~3년에 한 번은 꼭 해주세요. 오래되거나 불필요한 잎을 잘라 정리하면 뿌리에서 올라오는 영양이 새순에 제대로 다다르기 때문에 생장이 촉진됩니다.
잎이 주를 이루고 가지가 없는 식물은, 가지치기 대신 크게 벌어진 밑 잎과 오래된 누런 잎을 손으로 따주어 수형을 깔끔하게 정리해주세요.

건강하지 않거나 오래된 잎은 고민하지 말고 잘라내주세요. 잎이 없어진 만큼 그곳으로 가던 영양을 건강한 새순에 전달합니다.

가지치기

아래 사진은 구매 후 2년이 지난 셰플레라 나무입니다. 잎이 무성해져 가지치기해야 할 시기가 되었습니다. 왼쪽의 요령을 참고로 함께 가지치기의 순서를 따라 해봅시다.
몇 차례 당겨보고 전체 모양을 확인하며 미세 조정하면서 진행합니다.

1 2

1 부피를 줄이고 싶은 쪽에 있는 가지들의 방향을 확인합니다. 같은 방향으로 길게 뻗은 가지, 서로 십자로 겹쳐서 난 가지, 겹쳐있는 잎 등을 잘라내려고 한다.
2 작은 가지 몇 개와 잎 몇 장을 잘라냈다. 가지의 선이 보이며 깔끔해졌다.

1 손으로 잡은 가지가 너무 길게 뻗었다. 굵은 줄기를 사이에 두고 오른쪽에 있는 가지의 잎보다 위치를 낮게 하고자 한다.
2 굵은 가지도 과감하게 잘라낸다. 잎 바로 위를 자른다.
3 원래 길이의 절반 정도 길이로 자른다. 잎의 부피감은 남긴다.

Before

After

1 2

3 4

1 잎이 무성해 줄기의 라인이 보이지 않을 정도이므로, 가지가 드러나게 하고 싶다.
2 부피가 너무 커서 가지의 밑동 쪽을 잘라준다.
3 자른 부분. 가위는 가지와 수직이 되게 대고 잘라낸 면이 깔끔하도록 자른다. 이런 식으로 가지가 난 부분을 자르며 솎아낸다.
4 Y자 가지가 보이면서 멋스러워졌다.

가위를 넣는 자리

가위를 넣는 자리는 자르고 싶은 위치에 가장 가까운 잎의 바로 위입니다. 가지 중앙 부분을 자르면 갈색으로 말라버려 보기에 안 좋습니다.

화분 고르기

관엽식물은 뿌리와 가지, 잎의 생장에 맞추어 분갈이하면서 기릅니다.
건강하게 기르려면 식물의 크기에 맞는 화분 선택이 중요하겠죠.

화분 크기와 흙의 용량

호수	지름	흙의 용량	호수	지름	흙의 용량
3호	9cm	0.2~0.3ℓ	8호	24cm	4.9~5.2ℓ
4호	12cm	0.5~0.6ℓ	9호	27cm	7.3~7.8ℓ
5호	15cm	1~1.3ℓ	10호	30cm	8.2~8.7ℓ
6호	18cm	2~2.2ℓ	11호	33cm	9.5~10ℓ
7호	21cm	3.3~3.5ℓ	12호	36cm	13~14ℓ

화분이 너무 크거나 너무 작으면 뿌리가 잘 자랄 수 없습니다. 큰 화분으로 바꿀 때는 한 단계씩 올리세요.

3~5호 지름 9~15cm

5~6호 지름 15~21cm

POINT
1

나무의 키에 맞는 화분을 선택한다

화분의 적절한 크기를 고를 때는 나무의 키를 기준으로 고르는 방법이 있습니다. 관엽식물의 키와 화분의 크기 기준을 아래의 사진에 기재하였습니다. 잎이 중심이 되는 식물이나 다육식물은 키가 작은 품종이 많아 다소 기준보다 낮아지므로 나무 유형에 맞게 봐주세요.

POINT
2

분갈이 후의 생육을 고려한다

관엽식물의 뿌리는 화분이 너무 작으면 갑갑해서 생장이 멈추어버립니다. 반대로 화분이 너무 크면 흙의 수분량이 너무 많아져 뿌리가 썩어버립니다. 원래 화분의 크기보다 한 단계 큰 화분으로 선택하세요. 뿌리가 자라기 좋아 생육도 좋아집니다.

7~8호 지름 21~24cm

9~10호 지름 27~30cm

분갈이

분갈이는 화분에 관엽식물을 심어 기를 때 반드시 거쳐야 할 손질입니다.
어려워 보이겠지만 요령과 핵심을 파악해두면 괜찮습니다. 꼭 도전해보세요.

POINT 1

생육이 왕성하면 1년에 한 번

분갈이 시기는 아래 목록에 써 놓은 신호가 나올 때입니다. 가지치기와 마찬가지로 적어도 2~3년에 한 번은 분갈이(흙갈이)를 해야 합니다. 생육이 왕성하거나 작은 화분에서 기르면서 원래 흙이 적은 편인 경우는 분갈이 신호가 나타나면 매년 옮겨 심어주어야 좋습니다. 분갈이를 하면 뿌리의 생육이 촉진되어 쭉쭉 생장합니다. 빨리 크게 키우고 싶은 나무의 경우, 신호가 나타날 때 바로 분갈이를 하면 이상적인 크기로 자라는 지름길이 됩니다.

POINT 2

5~9월에 한다

분갈이는 흙에서 뿌리를 꺼내는 작업입니다. 사람으로 치면 수술을 받는 일과 비슷하므로 체력이 필요한 일이죠. 위험을 줄이기 위해 건강한 생육기에 실시합니다. 최저기온이 안정적으로 15℃ 이상 되어야 작업이 가능합니다. 단, 35℃ 이상 되는 뜨거운 여름이 계속되면 식물도 지쳐 분갈이 후에 뿌리가 손상되므로 피하세요. 가을은 화분 크기를 키우는 분갈이만 합니다.

분갈이 신호

- 화분의 크기와 나무의 키가 균형이 맞지 않는다
- 화분 바닥으로 뿌리가 많이 튀어나온다
- 물을 준 후 물의 침투가 좋지 않다
- 화분의 흙이 빨리 마른다
- 생기가 없다

관엽식물은 뿌리로 흙에 함유된 수분을 흡수합니다. 뿌리가 화분에 가득 들어차게 자라면, 흙에 닿지 못하는 뿌리는 물을 빨아들이지 못하게 됩니다.

관엽식물용 흙

크기가 다른 알갱이가 섞여 있어 보수성, 보비성과 배수성의 균형이 잘 잡힌 흙이 적당합니다. 보수성이 낮으면 물을 주는 빈도가 너무 잦아져 시들어 버리기도 하고, 비료를 주어도 흙에 흡수되지 않고 흘러 나가버리기도 합니다. 배수성이 낮으면 흙이 잘 마르지 않아 뿌리 썩음의 원인이 됩니다. 전문점에서 판매하는 '관엽식물용 흙'이라고 쓰여 있는 흙은 균형 좋게 배합되어 있으므로 처음에는 그런 시판 상품을 사용하세요.

분갈이 신호

- 초보자는 관엽식물 전용 흙을 추천합니다. 밑거름도 필요 없습니다.
- 크고 작은 입자 상태의 덩어리가 균형 있게 섞여 있는 흙은 통기성과 배수성이 좋습니다.
- 유기물 무배합 제품을 선택하면 벌레가 잘 생기지 않습니다.

광물이나 화산재 같은 무기물을 사용하거나 열처리되어 청결하고 벌레가 나오지 않는 흙이 관엽식물용으로 판매됩니다. 하얀색 흙은 빛이 반사되어 잎에 빛이 잘 공급되는 효과도 있습니다.

관엽식물용 밑거름

효과가 천천히 오래 나타나는 유형으로 질소 성분이 많은 상품이 좋습니다. 효과가 2년 정도 지속되는 제품도 있습니다. 원료는 유기비료라면 기름 찌꺼기, 쌀겨, 초목회, 부엽토, 어분, 골분, 그 외에 완효성 화학비료도 있습니다. 관엽식물용 흙을 분갈이에 사용하면 화학 비료 밑거름이 이미 배합된 경우가 많아 추가로 밑거름을 넣지 않아도 됩니다.

사진은 영양 균형이 좋고 품질이 안정된 펠릿 유형의 밑거름입니다. 오랫동안 좋은 효과가 유지됩니다.

10 분갈이를 해보자

분갈이 시기는 최저기온이 15℃ 이상이 되는 5~9월을 기준으로 합니다. 뜨거운 여름은 피합니다. 필요한 도구는 화분, 관엽식물 전용 흙, 화분 바닥용 돌, 삽, 화분 바닥용 망, 막대(젓가락 등), 물조리개, 장갑, 시트 등입니다. 준비가 되었다면 시작해봅시다.

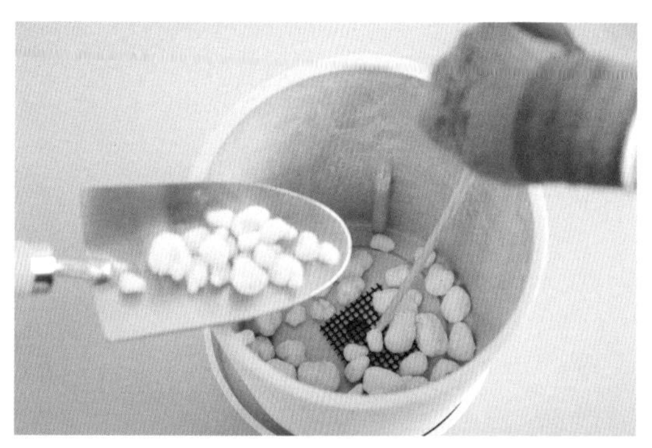

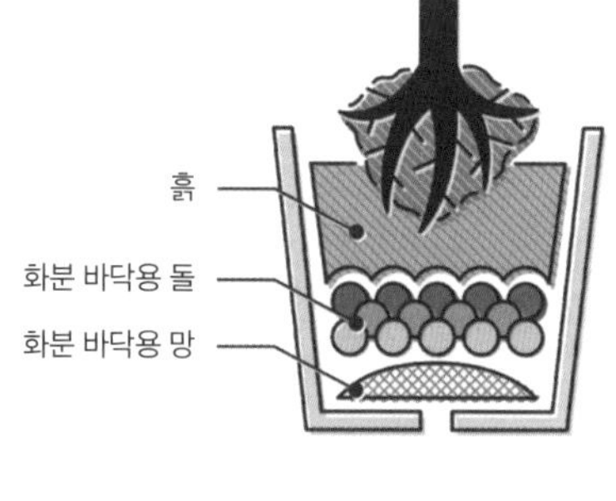

1 망을 화분 바닥의 구멍 위에 두고 바닥용 돌을 깐다

화분 바닥의 구멍에 망을 놓고, 밀리지 않게 젓가락으로 누르면서 바닥용 돌을 넣습니다. 망이 가려지고 돌이 2층 정도로 겹치도록 깔아줍니다.

흙 밑에 바닥용 돌을 깔아두면 배수성과 통기성을 확보할 수 있습니다.

2 새 흙을 넣는다

삽을 사용해서 화분 바닥 돌이 보이지 않을 정도 양의 흙을 넣고 평평하게 해줍니다.

3 식물을 원래 화분에서 꺼낸다

식물을 화분에서 꺼낼 때는 식물의 뿌리를 잡고 화분의 가장자리를 위에서 두드리면 쉽게 빠집니다. 뿌리가 화분 바닥으로 나오는 경우는 잘라줍니다.

4 필요 없는 흙은 떨어낸다

뿌리 주위의 흙은 가볍게 풀어주는 정도로 하고, 주로 뿌리의 바깥쪽에 굳은 흙을 떨어냅니다. 손상된 뿌리가 있으면 제거합니다. 빠르게 해주세요.

5 식물을 새 화분에 심는다

잎이 많이 향하는 쪽을 정면으로 합니다. 식물이 화분에 너무 깊이 들어가면 뿌리 밑에 흙을 채워서 높이를 조정합니다.

6

주위에 흙을 넣는다

주위에 흙을 넣습니다. 나무젓가락으로 흙을 찔러가면서 뿌리 사이나 화분 바닥, 옆면에 흙이 골고루 가게 합니다. 뿌리를 손상하지 않도록 부드럽게 하세요.

7

밑동과 가장자리 흙을 고정한다

줄기가 잘 세워졌는지 확인하고 손으로 밑동과 가장자리의 흙을 눌러 고정합니다. 밑동은 가볍게, 가장자리는 꾹 누릅니다.

8

흙을 견고하게 다진다

화분을 책상이나 바닥에 톡톡 두드립니다. 느슨하다 싶으면 6, 7회 반복합니다.

9

겉흙 높이를 확인한다

겉흙은 물을 줄 때 흙이 넘치지 않도록 여유 있는 높이로 합니다. 6호 이하의 화분은 2~3cm, 7호 이상이면 5cm 이상이 되도록 합니다.

10

물을 주어 흙을 다진다

물이 화분 바닥으로 나올 때까지 뿌려 주면, 흙 속 여분의 공기가 나오고 흙도 다져집니다. 화분 받침에 고인 물은 버려 주세요.

완성

새로운 화분에 옮겨심기 완성! 분갈이를 마친 식물은 조금 지쳐있습니다. 2~3주간은 비료를 주지 마세요.

11

자주 하는 질문

관엽식물을 기르는 사람이 자주 하는 질문과 그 대처법을 모아보았습니다.
미리 읽어두고 문제가 생겼을 때 이 페이지를 찾아 대응해보세요.

QUESTION 1

구매 후 바로 생기가 없어졌어요

관엽식물은 환경이 바뀌면 적잖이 스트레스를 받습니다. 밝고 바람이 잘 통하는 장소에 두고 경과를 관찰합시다. 기운이 없어 보인다고 자리를 자꾸 바꾸고 매일 물을 주면 안 됩니다. 잎이 떨어지는 것은 보통 약 한 달 정도 지나면 안정됩니다. 하지만 축 늘어지고 가지와 잎이 처지거나 밑동이 확실히 거무스름해져 손상되어 보이는 경우는 원래 상태가 좋지 않았을 가능성도 있으므로 구매한 매장에 상담해보는 편이 좋겠습니다.

QUESTION 2

크게 키우려고 하지 않아도 비료를 주어야 할까요?

네. 화분이라는 한정된 공간에서 자라는 경우, 생장에 따라 흙 속에 있던 필수 영양소가 뿌리로 흡수되면서 화분에 남은 영양소는 조금씩 없어지거나 줄어듭니다. 비료를 주면, 잎의 색이 좋아지고 건강해지므로 적기인 봄~가을에 주도록 합시다. 크게 키우고 싶지 않을 때는 포기나누기나 가지치기를 하면서 너무 커지지 않게 관리하면 됩니다.

QUESTION 3

여름에 관엽식물을 밖에 내놓아도 될까요?

직사광선이 내리쬐는 한낮은 피해야 합니다. 그늘이라도 베란다는 콘크리트가 태양열로 뜨거워져 뿌리가 화상을 입거나 반사되는 빛에 잎이 탈 수도 있으므로 한여름은 가능하면 옥외에 내놓지 않는 편이 좋습니다. 흐린 날이나 그늘이 확보된다면 오전 중이나 저녁 무렵에 내놓습니다. 다육식물처럼 옥외의 환경을 좋아하는 일부 품종에 관해서는 꼭 그렇지는 않지만, 잎 뎀 현상을 주의하세요.

QUESTION 4

여름에 에어컨을 켜둔 채로 두어도 될까요?

괜찮습니다. 단, 에어컨의 직풍이 관엽식물에 닿지 않게 바람의 방향을 조정해주세요. 또 공기가 너무 건조하지 않게 관리해주세요. 가습기로 습도를 조절하거나 저녁에는 창문을 열어 환기해주면 좋습니다. 또 창문을 열지 않을 때는 바람의 흐름이 정체되는 경우가 많습니다. 적극적으로 서큘레이터 등을 활용하여 공간 전체의 공기가 흐르는 방법을 생각해봅시다.

QUESTION
5

가지치기를 하다가 너무 짧아졌는데, 복구할 수 있을까요?

뿌리가 건강하게 자란다면 충분히 살아납니다. 바람이 통하면 관엽식물은 생육이 촉진되므로 빨리 잎이 나게 하려면 봄, 가을에는 옥외에서 관리해도 좋습니다. 단, 가지치기 한 시기가 한겨울이거나, 기운이 없는 상태로 너무 많이 잘라냈다면 식물의 상태에 따라서는 그대로 건강을 잃을 수도 있습니다. 반드시 적기인 봄~여름 시기에 실시합시다.

QUESTION
6

버섯이 돋아났는데, 어떻게 하면 좋을까요?

통풍이 좋고 흙에 해가 제대로 드는 곳으로 옮깁니다. 또 멀칭을 썼다면 제거합니다. 버섯은 땅속에서 균사로 둘러싸여 있기 때문에 본체를 제거해도 환경만 만들어지면 반복해서 생깁니다. 장소를 바꾸어도 계속 생긴다면 알코올 스프레이를 흙에 직접 분사하면 효과적입니다. 이때 뿌리나 잎에는 닿지 않게 주의하세요.

QUESTION
7

꽃과 열매가 나왔습는데, 이대로 두어도 될까요?

어느 정도 감상하고 즐긴 뒤 꽃과 열매를 따 주세요. 꽃과 열매를 만드는 일은 무척 체력이 필요합니다. 그대로 달고 있으면 잎이 누렇게 되어 떨어지거나, 잎의 색이 옅어지는 등 잎의 생육에 영향을 미칩니다. 딴 열매는 품종에 따라 씨를 뿌려 기를 수도 있으므로 다른 방법으로 꽃과 열매를 즐겨보세요. 커피나무처럼 수확에도 의미가 있는 경우, 열매를 끝까지 키워 수확하는 기쁨도 느껴보세요.

QUESTION
8

건강하다면 처음에 심겨있던 플라스틱 화분 그대로 써도 될까요?

네. 화분 바닥에서 굵은 뿌리가 여러 가닥 나온 상태가 아니고, 물을 줄 때 흙이 물을 확실히 머금은 후에 화분 바닥으로 물이 나온다면 지금 바로 분갈이하지 않아도 됩니다. 흙의 양도 충분하면 반년에서 2년 정도는 옮겨 심지 않아도 됩니다. 분갈이하지 않는 동안은 봄에서 가을 사이에 비료를 주고 흙 속의 영양을 보충하도록 하면 더 건강히 자랍니다.

QUESTION
9

화분 둘 자리가 에어컨 바람이 닿는 곳 밖에 없어요

둘 곳이 그 자리 외에 없다면 바람의 방향을 바꾸어 식물에 닿지 않도록 해봅시다. 어떻게 해도 에어컨 바람이 닿는다면 에어컨 바람에 서큘레이터 바람을 맞불게 해서 식물에 직풍이 가지 않게 하고, 공간 전체의 공기가 움직일 방법을 생각해보세요. 에어컨 직풍은 사람이 계속 선풍기의 직풍을 맞는 상황과 마찬가지로 몸 상태를 망가뜨립니다.

QUESTION
10

화분의 흙이 굳었어요

오랫동안 분갈이를 하지 않고 두면 흙이 굳어서 말라버립니다. 2~3년에 한 번은 분갈이를 하고 새 흙으로 갈아 넣어 공기가 들어가기 쉬운 보슬보슬한 토양으로 바꾸어 줍니다. 화분의 흙이 굳어있으면 뿌리가 잘 자라지 못하고 호흡도 어려워져 생육이 나빠집니다. 한겨울이라 분갈이를 할 수 없는 상황일 때는 고형 토양개량제를 사용하면 유기물의 작용으로 흙을 개선할 수도 있습니다.

QUESTION 11

관엽식물도 수명이 있나요?

정확히는 없습니다. 뿌리가 살아 있는 한, 적절한 손질을 계속하면 매년 새로운 싹이 나와 계속 자랍니다. 분갈이를 하면서 기르는 분 중에 "10년, 20년 기르고 있어요"라고 하는 분도 많습니다. 크기가 계속 커지면 공간에 한계가 생기겠지만 포기 나눔이나 가지치기를 하면 오랫동안 실내에서 즐길 수 있습니다. 꼭 이 책의 손질법을 참고하여 기르고 있는 관엽식물을 오래 살게 돌봐주세요.

QUESTION 12

관엽식물로 모아 심기가 가능한가요?

가능하지만 선호하는 환경이나 물주기 빈도가 비슷한 종류에 한합니다. 극단적인 예이기는 하지만, 일조와 건조를 좋아하는 다육식물과 그늘과 습기를 좋아하는 양치식물을 같은 화분에 심는다고 생각해볼까요. 양치식물에 맞추어 반그늘에 두고 물을 자주 주면, 다육식물에게는 너무 어둡고 습도가 높아져 상태가 안 좋아지겠지요. 같은 과나 속의 식물을 모아 심어 놓고, 서로 간섭하지 않도록 부지런히 가지치기해주면 좋겠습니다.

QUESTION 13

비료를 정기적으로 줘도 기운이 없어요

비료 과다일 가능성이 있습니다. 추울 때 주거나 연중 계속 주거나 용량을 지키지 않고 주면 오히려 뿌리가 손상되기도 합니다. 또 주변 환경이나 물을 주는 빈도가 맞지 않을 때도 있습니다. 관리 방법의 기본과 식물이 선호하는 환경을 다시 한번 확인하고 걸리는 점이 있으면 개선해보세요. 기운이 없는 원인은 다양하므로 다각적으로 가능성을 살펴봅시다.

QUESTION 14

겨울에는 창가에 두지 않는 편이 좋다고 들었는데, 정말인가요?

그렇습니다. 관엽식물은 원생지가 열대나 건조지대인 품종이 많아, 기본적으로는 밝고 따뜻한 환경을 좋아합니다. 겨울에 냉기를 맞으면 잎이 타거나 뿌리가 차가워져 손상되기도 합니다. 겨울 동안은 냉기가 드는 창가를 피해 실내 공간 가운데로 옮겨 관리합시다. 벽과 바닥도 차갑습니다. 식물 선반을 사용하여 벽에서도 바닥에서도 멀리 떨어뜨려 놓아야 좋습니다.

QUESTION 15

식물이 기울었는데, 어떻게 해야 할까요?

지주를 세워 줄기가 똑바로 서도록 부목 교정합니다. 아니면 일단 화분에서 식물을 꺼내어 바로 서도록 다시 심습니다. 기울어지는 이유는 가지치기를 오래 하지 않았기 때문에 잎이 무거워진 경우가 많습니다. 정기적으로 가지치기를 하려고 노력합시다. 또 식물은 태양 방향으로 잎이 향하는 경향이 있으므로 정기적으로 화분을 돌려 골고루 햇빛을 받도록 하면 수형이 무너지지 않습니다.

QUESTION 16

관엽식물은 갖고 싶지만, 벌레가 신경 쓰여요

관엽식물은 유기물인 흙에 심겨 있고, 자연을 실내로 가지고 들어와 기르는 일이기 때문에 벌레의 출현을 완전히 없애기는 어렵습니다. 그러나 벌레가 나오지 않도록, 더 늘어나지 않도록 하는 대책은 많습니다. 바람이 잘 통하게 하고, 햇볕을 잘 쬐게 하고, 물을 뿌려 잎에 오염이 쌓이지 않게 하며, 예방약을 사용하는 등의 여러 방법이 있지요. 또 수경재배는 유기물을 사용하지 않아 벌레가 생길 일이 줄어듭니다. 다양한 방법을 시도해보며 관엽식물을 즐겨 봅시다.

QUESTION 17

잎끝이 갈색으로 말라버려요

물이 부족할 가능성이 큽니다. 흙의 건조 상태를 자주 확인하고 수분 상태에 신경 쓰세요. 에어컨의 바람이 직접 닿아 공기가 지나치게 건조해도 그런 증상이 나타납니다. 그 밖에도 시멘트 화분은 화분 자체도 건조하면 물을 흡수하므로, 물을 주어도 흙 속까지 침투하지 못할 때도 있습니다. 물을 줄 때는 화분 바닥으로 물이 나올 때까지 듬뿍 주고 화분이 묵직해지는지 확인합시다.

QUESTION 18

줄기에서 뿌리 같은 것이 자랐어요

공기뿌리라고 하며, 열대 식물에 흔히 보입니다. 관엽식물에서는 대만고무나무와 벵골고무나무 등의 고무나무류나 몬스테라에서 보이기도 합니다. 기근은 공기 중 수분을 흡수하거나 몸을 지탱하는 등 뿌리와 같은 역할을 합니다. 병이 아니므로 안심하세요. 생장에 따라 길어지는 경우는 흙으로 유도해주세요.

제 4 장

마음에 드는 식물과 만나는 관엽식물 도감

도감 보는 방법

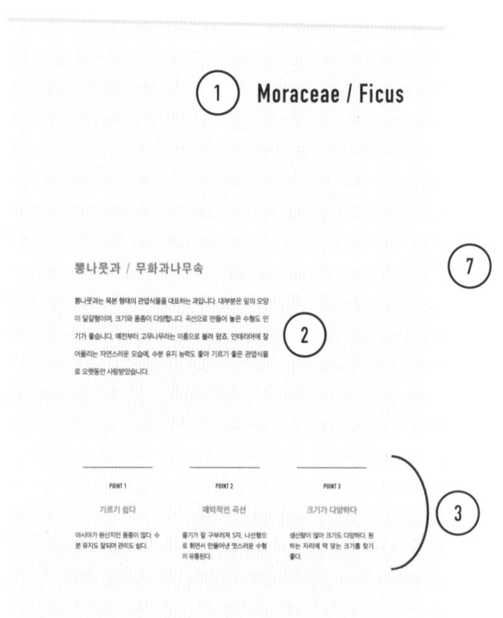

1

과의 학명입니다. 도감은 식물의 특징과 기르는 방법의 공통점이 많은 '과' 별로 소개합니다.

2

잎의 형태, 성질 등과 전체의 공통적인 특징을 설명합니다.

3

과 전체의 특징 세 가지입니다.

4

이 페이지에서 소개하는 식물의 이름(유통명)입니다.

5

식물의 수형과 잎의 특징, 성질을 설명합니다.

6

식물을 기르는 방법 조언과 핵심입니다.

7

식물을 기르는 데 알아두어야 할 사항을 아이콘으로 알기 쉽게 표기했습니다.

- 최저기온은 관엽식물의 생육을 위해 10℃ 이상 확보하는 것이 기본입니다.
- 일조는 다음을 참고해주세요

밝은 곳 햇빛을 매우 좋아한다. 커튼 없는 창가를 선호하지만, 한여름은 레이스 커튼을 쳐서 관리한다.
보통 햇빛을 좋아한다. 1년 내내 레이스 커튼으로 차광하여 기른다.
내음성 있음 해를 적게 보아도 자란다. 빛이 없으면 안 되지만, 햇빛이 약한 날은 4시간 이상 쬐거나, 불이 켜져 있는 시간이 긴 실내면 괜찮다.

8

식물의 전체와 잎의 특징적인 부분을 올려둔 사진입니다.

Moraceae / Ficus

뽕나뭇과 / 무화과나무속

뽕나뭇과는 목본 형태의 관엽식물을 대표하는 과입니다. 대부분은 잎의 모양이 달걀형이며, 크기와 품종이 다양합니다. 곡선으로 만들어 놓은 수형도 인기가 좋습니다. 예전부터 고무나무라는 이름으로 불려 왔죠. 인테리어에 잘 어울리는 자연스러운 모습에, 수분 유지 능력도 좋아 기르기 좋은 관엽식물로 오랫동안 사랑받았습니다.

POINT 1

기르기 쉽다

아시아가 원산지인 품종이 많다. 수분 유지도 잘되며 관리도 쉽다.

POINT 2

매력적인 곡선

줄기가 잘 구부러져 S자, 나선형으로 휘면서 만들어낸 멋스러운 수형이 유통된다.

POINT 3

크기가 다양하다

생산량이 많아 크기도 다양하다. 원하는 자리에 딱 맞는 크기를 찾기 좋다.

1

Moraceae / Ficus

벵골고무나무

북유럽계 내추럴 인테리어에 잘 어울린다

카페에서 흔히 보는 예쁜 관엽식물입니다. 어떤 공간에 두어도 잘 어울리는 자연스러운 느낌으로 인기가 많습니다. 가지가 하얗고 잎은 광택 없는 질감입니다. 고무나무 중에서는 생장이 느린 편입니다. 내음성도 있고 기르기가 쉬워 인기 있습니다.

관리 POINT

내음성이 있어 집 안에서도 기를 수 있습니다. 다만 어두운 곳에 두는 시간이 길면 잎이 얇아지거나 뚝 떨어져 버립니다. 레이스 커튼 너머로 햇살이 비치는 정도의 밝은 곳에 두면 좋습니다. 느리게 자라므로 관리가 쉬워 초보자에게 추천합니다.

원산지	인도, 스리랑카, 동남아시아
크기	테이블~XL
최저온도	기본 (10℃까지)
햇빛	내음성 있음
난이도	쉬움
꽃말	영원한 행복
반려동물·아기	△ 발진 유발

무늬벵골고무나무

라임색 무늬가 주위를 화사하게 해준다

라임색 무늬가 들어간 밝은 잎의 색이 공간을 환하게 밝혀줍니다. 잎은 뽕나뭇과 나무의 특징대로 달걀형이며 광택이 있고 끝부분은 살짝 뾰족합니다. 생육이 왕성한 유형으로 봄에서 여름까지 생육기에는 새순이 많이 돋아 가지를 뻗습니다.

원산지	인도, 동남아시아
크기	테이블~XL
최저온도	기본 (10℃까지)
햇빛	밝은 곳
난이도	보통
꽃말	영원한 행복
반려동물·아기	△ 발진 유발

관리 POINT

무늬가 있는 식물은 밝은 곳에 두어야 합니다. 밝은 곳에서 광합성을 많이 하면 초록의 농담이 선명해지고 잎의 탄력도 좋아집니다. 생육이 왕성하므로 정기적으로 가지치기를 해서 수형을 다듬어 주면서 기르세요. 물은 흙이 잘 마르면 주세요.

암스테르담킹고무나무

가지가 축 처지며 자라는 보기 드문 고무나무

고무나무로는 특이하게 늘어진 모습으로 자랍니다. 봄의 생육기에 보이는 새순의 핑크브라운 색감은 놓치지 말아야 할 볼거리입니다. 아름다운 곡선의 수형도 있어 인테리어용 나무로도 우수합니다. 좁은잎고무나무의 개량종으로, 잎의 폭이 조금 더 넓습니다.

원산지	동남아시아
크기	S~XL
최저온도	기본 (10℃까지)
햇빛	보통
난이도	쉬움
꽃말	영원한 행복
반려동물·아기	△ 발진 유발

관리 POINT

잎이 초록색인 고무나무는 내음성이 있는 경우가 많고, 형광등 빛이나 흐린 날 태양광으로도 자라지만, 볕이 들고 통풍이 좋은 환경을 좋아합니다. 물이 부족하면 잎이 처지고 파삭하게 말라버립니다. 평소에 상태를 관찰하면서 기르면 좋겠습니다.

떡갈잎고무나무

관리 POINT

내음성이 있지만, 너무 어두우면 가지가 물러져 늘어집니다. 건강하게 기르기 위해서는 밝은 장소에 두어야 합니다. 천천히 자라는 품종이므로 가지치기의 횟수는 적은 편입니다. 가지치기할 때는 길게 뻗은 만큼 잘라냅니다. 수형이 엉망으로 퍼지지 않는 우등생 나무랍니다.

두툼한 떡갈나무잎 모양의 잎과 거친 줄기의 질감이 매력

떡갈잎고무나무는 잎의 모양이 떡갈나무잎과 비슷합니다. 이 품종은 잎이 작고 알차게 자랍니다. 두껍고 윤기 있는 빳빳한 잎과 거친 갈색 줄기가 매력입니다.

원산지	열대 아프리카
크기	테이블~XL
최저온도	기본 (10℃까지)
햇빛	보통
난이도	쉬움
꽃말	영원한 행복
반려동물·아기	△ 발진 유발

5

Moraceae / Ficus

수채화고무나무

고무나무 중에서도 잎의 색깔과 모양이 아름답기로 으뜸

크림색과 초록색이 은은하게 섞인 잎의 색이 특징입니다. 새순은 약간 분홍색을 띱니다. 자라면서 색과 모양이 바뀌는 모습이 감상 포인트입니다. 많은 고무나무 중에서도 잎이 가장 아름다워 인테리어의 강조 색으로 쓰기도 좋습니다.

관리 POINT

아름다운 잎의 색과 모양을 유지하려면 밝은 곳에서 관리해야 합니다. 빛이 부족하면 무늬가 옅어지거나 잎이 떨어져 버립니다. 테이블 사이즈로도 인테리어 강조 색의 주인공이 되므로 작은 크기도 추천합니다.

원산지	동남아시아
크기	테이블~XL
최저온도	기본 (10℃까지)
햇빛	밝은 곳
난이도	쉬움
꽃말	영원한 행복
반려동물·아기	△ 발진 유발

루비고무나무

6

Moraceae / Ficus

눈에 띄면 들이고 싶어지는 고무나무

루비고무나무는 짙은 분홍색 무늬가 있습니다. 붉게 색이 오른 새순도 매우 아름다우며 생장에 따라 색깔과 모양이 변화하는 모습이 볼거리입니다. 인테리어의 강조 색으로도 쓰는 세련된 화분입니다. 눈에 보이면 꼭 들이고 싶은 품종입니다.

원산지	동남아시아
크기	테이블~XL
최저온도	기본 (10℃까지)
햇빛	밝은 곳
난이도	쉬움
꽃말	영원한 행복
반려동물·아기	△ 발진 유발

관리 POINT

새싹이 나오는 봄~여름에는 꼭 밝은 장소에서 키워 예쁜 색 잎으로 기릅니다. 내음성은 있지만, 너무 어두우면 가늘게 웃자라거나 잎의 색이 옅어지므로 주의하세요. 환경에 적응하면 쑥쑥 자라므로 정기적으로 가지치기를 해주세요.

Moraceae / Ficus

버건디고무나무

세련된 검은 잎의 독보적 존재감

윤기 있는 새까만 잎과 빨간 새순의 대비가 무척 아름답고 세련된 분위기를 연출합니다. 버건디고무나무만큼 예쁘고 검은 잎을 가진 식물은 흔치 않아 '흑고무나무'라고도 합니다. 성질은 강건해 기르기 쉽습니다.

원산지	인도 북동부, 말레이반도, 부탄
크기	테이블~XL
최저온도	기본 (10℃까지)
햇빛	보통
난이도	쉬움
꽃말	영원한 행복, 건강
반려동물·아기	△ 발진 유발

관리 POINT

내음성이 있지만, 밝은 곳에서 키워야 건강 상태가 좋고 잘 자랍니다. 버건디고무나무는 매우 강건한 성질이 있어 환경 요인으로 생기는 문제가 적은 품종입니다. 과한 습기로 인한 뿌리 썩음만 조심하세요. 물은 흙이 잘 마른 후에 주세요.

프랑스고무나무

8

Moraceae / Ficus

관리 POINT

빛이 꼭 있어야 합니다. 밝고 따뜻하며 바람이 잘 통하는 곳에서 관리해주세요. 일조량이 부족하거나 물이 부족하면 잎이 뚝뚝 떨어집니다. 자라면서 수형이 망가지므로, 2년에 한 번 가지치기로 수형을 다듬으며 키워주세요.

윤기 있고 작은 잎이 사랑스럽다

윤기 있는 초록색 잎이 특징입니다. 생육기에는 부드러운 연두색 새순이 나와 초록색과 대비를 이루는 모습을 보여줍니다. 줄기는 갈색입니다. 원산지는 오스트레일리아지만, 프랑스의 식물학자가 발견하여 프랑스고무나무라는 이름이 붙었습니다.

원산지	오스트레일리아 동부
크기	S~XL
최저온도	기본 (10℃까지)
햇빛	밝은 곳
난이도	보통
꽃말	영원한 행복
반려동물·아기	△ 발진 유발

대만고무나무

가지에서 자란 공기뿌리와 개성적인 수형

기르기 쉬운 관엽식물의 대표 종입니다. 가지의 모양이나 밑동에서 나온 공기뿌리가 개체마다 다르다는 점이 매력입니다. 원생지인 오키나와에서는 정령 키지무나가 깃든 나무라고 합니다. 거친 기둥과 윤기 있는 귀여운 잎이 매력적이라 오랫동안 인기 있는 식물입니다.

관리 POINT

대만고무나무는 무척 강건하여 기르기 쉬운 품종입니다. 내음성이 있지만, 너무 어두우면 잎이 떨어져 버립니다. 구매 후에는 해가 잘 드는 밝은 장소에 적응시키고 난 다음 천천히 집 안쪽으로 이동하면 괜찮습니다. 튀어나온 공기뿌리는 흙으로 유도해주세요.

원산지	오키나와, 열대 아시아
크기	테이블 ~ XL
최저온도	강함 (0℃까지)
햇빛	보통
난이도	쉬움
꽃말	넘치는 행복, 건강
반려동물 · 아기	△ 발진 유발

판다고무나무

반짝이는 동그란 잎이 사랑스러운 고무나무

판다고무나무는 대만고무나무보다 잎이 조금 더 도톰하고 동그랗습니다. 대만고무나무의 나무줄기에 판다고무나무를 접목하여 만든 그루도 있습니다. 대만고무나무에 비해 가지가 약간 구부러져 자라며, 생장 속도가 완만한 편입니다.

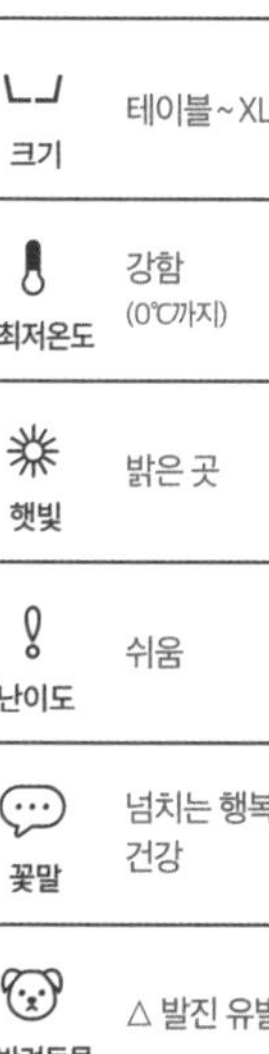

관리 POINT

판다고무나무는 밝은 장소에서 기르세요. 내음성이 있다고 써놓은 경우도 많지만, 일조가 부족하면 잎이 떨어져 버립니다. 왼쪽 페이지의 대만고무나무와 비교하면 생장 속도는 조금 느리므로, 잎이 떨어지면 수형이 돌아오기까지 시간이 걸립니다.

11

진고무나무

Moraceae / Ficus

흩뿌려진 초록 무늬와 아름다운 잎의 색깔이 볼거리

드문드문 뿌려놓은 듯한 무늬에 밝은 잎의 색깔이 특징입니다. 유통량이 적어 크게 자란 나무는 희소합니다. 판매하는 작은 화분을 발견하면 구매하여 크게 키워보면 좋겠습니다. 기르기 쉽고 색다른 품종을 키워보고 싶은 분께 추천합니다.

원산지	인도
크기	테이블~M
최저온도	기본 (10℃까지)
햇빛	밝은 곳
난이도	보통
꽃말	영원한 행복
반려동물·아기	△ 발진 유발

관리 POINT

레이스 커튼으로 차광한 밝은 곳에서 기르면 잎의 무늬가 아름답게 유지됩니다. 너무 어두우면 무늬가 없어집니다. 직사광선이 닿으면 잎이 타버리기 때문에 여름철이나 남향 창문에서 커튼 없이 두지 않도록 하세요. 물은 흙이 마르고 나면 줍니다.

움벨라타고무나무

관리 POINT

추위에 약하므로 겨울에는 창가나 추운 방에서 줄기나 잎이 냉해를 입지 않도록 주의합니다. 냉기에 닿으면 잎이 검어지거나 쪼그라들며 손상됩니다. 단, 움벨라타는 생육이 왕성하므로 봄에서 여름에 다시 잎을 많이 내놓아 풍성한 모습으로 돌아갑니다.

큰 하트 모양의 잎

하트 모양의 큰 잎이 인기입니다. 잎의 색은 연두색을 띠어 온화한 분위기를 자아냅니다. 기르기 쉬운 고무나무라 처음 들이는 나무로 제격입니다. 수형도 자연 수형이나 곡선 수형을 선택할 수 있어, 세련된 인테리어로 활용하기 좋습니다.

원산지	열대 아프리카
크기	테이블~XL
최저온도	기본 (10℃까지)
햇빛	보통
난이도	보통
꽃말	건강, 영원한 행복, 부부애
반려동물·아기	△ 발진 유발

페티올라리스고무나무

빨간 잎맥을 가진 개성파 고무나무

시중에서 '휘커스 페티올라리스'라고 하는 이 고무나무는 벨라타와 마찬가지로 하트 모양 잎에 빨간 잎맥이 있습니다. 겨울에는 냉기를 맞으면 잎을 떨구고 휴면합니다. 실생묘는 괴근 식물처럼 밑동이 비대하게 생장하기 때문에 한층 독특한 모습을 보여줍니다.

관리 POINT

밝고 따뜻한 환경을 유지하려고 노력해야 합니다. 겨울의 냉기를 맞으면 잎을 떨구고 휴면합니다. 따뜻한 환경을 유지하면 그대로 잎을 달고 자랍니다. 겨울에 잎을 떨구고 휴면해도 봄에는 다시 잎을 많이 내놓으므로 걱정할 필요는 없습니다. 물은 흙이 잘 마른 후에 줍니다.

원산지: 멕시코

크기: 테이블~M

최저온도: 기본 (10℃까지)

햇빛: 밝은 곳

난이도: 보통

꽃말: 영원한 행복

반려동물·아기: △ 발진 유발

벤저민고무나무

14

Moraceae / Ficus

줄기를 꼬아 만든 토피어리가 인기

기르기 쉽고 생동감 있는 밝은 잎의 색, 자연스러운 분위기로 어떤 공간에든 잘 어울려 오랫동안 인기를 얻고 있습니다. 가지를 꼬아 만든 줄기에 풍성한 잎을 위쪽에 모은 토피어리 형태가 인기 있습니다. 밝은 곳을 좋아합니다.

원산지	인도, 말레이시아
크기	테이블~XL
최저온도	기본 (10℃까지)
햇빛	밝은 곳
난이도	보통
꽃말	신뢰, 결혼
반려동물·아기	△ 발진 유발

관리 POINT

밝은 곳에서 관리합니다. 벤저민고무나무는 일조가 부족하면 잎이 뚝뚝 떨어집니다. 또 잎을 밀집시켜 만든 경우가 많아 통풍이 좋지 않으면 잎이 건강하게 자라지 못합니다. 한여름이나 한겨울 등 창을 열지 않는 시기에는 서큘레이터를 활용하세요.

스타라이트벤저민고무나무

아름다운 흰무늬가 특징인 스타라이트

스타라이트 벤저민은 하얀 무늬와 부드러운 초록색의 잎이 아름답고, 분위기가 산뜻해 인기가 좋습니다. 잎이 초록색인 벤저민고무나무보다 생산량이 적고, 주로 중간 크기로 유통됩니다. 기르는 방법과 성질은 일반 벤저민고무나무와 비슷합니다.

원산지	인도, 말레이시아
크기	S~M
최저온도	기본 (10℃까지)
햇빛	밝은 곳
난이도	보통
꽃말	신뢰, 결혼
반려동물·아기	△ 발진 유발

관리 POINT

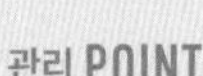

벤저민고무나무와 마찬가지로 밝고 통풍이 잘되는 곳에서 관리합니다. 추위에 약한 편이므로 겨울 실내 온도 관리에 주의를 기울입시다. 새순이 갈색이 되어 떨어지거나 색이 연해진다면 일조 부족인 경우가 많습니다. 잎의 색을 예쁘게 유지하려면 식물용 조명을 활용해도 좋겠습니다.

바로크벤저민고무나무

관리 POINT

다른 벤저민고무나무와 비슷한 환경에서 관리해야 하지만, 내음성과 내한성은 비교적 높은 편입니다. 바로크벤저민고무나무는 는 동그랗게 말린 잎 속에 티끌이나 먼지가 쌓이기 쉬우니 겨울에는 분무로, 봄과 가을에는 샤워로 물을 뿌려서 정기적으로 잎을 씻어내야 합니다.

동글동글 말린 잎이 개성적

동그랗게 말린 독특한 모습이 눈길을 끕니다. 가지가 굵지 않은 테이블 사이즈~중형이 많이 유통됩니다. 줄지어 달린 잎이 풍성하게 퍼지면서 자라 점점 달라지는 수형을 보는 재미가 있습니다.

원산지	동남아시아, 인도
크기	테이블~XL
최저온도	기본 (10℃까지)
햇빛	보통
난이도	쉬움
꽃말	융통성, 동료, 신뢰
반려동물·아기	△ 발진 유발

Moraceae TABLE PLANTS

뽕나뭇과의 테이블 플랜트

대만고무나무

Chinesebanyan → p. 88

판다고무나무

Ficus microcarpapanda → p. 89

진고무나무

Ficus gin → p. 90

뽕나뭇과는 테이블 사이즈가 많습니다. 크기가 작아도 가지가 있고 잎이 무성한 모습을 자랑합니다. 사무실이나 집의 책상 위를 꾸미기에 좋겠죠.

움벨라타고무나무

Ficus umbellata → p. 91

버건디고무나무

Ficus burgundy → p. 86

Malvaceae

아욱과

아욱과 식물은 부드럽고 큰 잎을 가집니다. 유연한 가지를 곡선으로 구부리거나 짜 엮어 만들어서 개성적인 모양으로 유통합니다. 곧고 굵게 뻗은 한 줄기 수형도 볼만하고, 밑동이 비대해지는 특징을 가진 파키라 등도 멋스럽습니다. 건조에 강하여 관리가 쉬우므로 초보자에게도 추천합니다.

POINT 1

건조에 강하다

건조한 아메리카 대륙이 원산지인 품종이 많아 건조에 강하다. 물을 자주 주지 않아도 된다.

POINT 2

자연스러운 분위기

대표 종인 파키라는 부드럽고 큼직한 잎이 넓게 펼쳐진다. 내추럴 인테리어에 잘 어울린다.

POINT 3

수형이 다양하다

줄기를 짜 엮은 수형, 곡선 수형, 한 줄기 우뚝 선 수형 등 다양한 연출로 인테리어에 활용하기 좋다.

파키라

초보자에게 추천하는 기르기 쉬운 no.1 나무

초록색의 부드러운 잎이 넓게 펼쳐져, 자연스러운 분위기로 인기가 많습니다. 건조한 환경에 강하여 기르기 쉬운 관엽식물이므로 입문하는 사람에게 추천합니다. 작은 화분에서 큰 나무까지 크기 선택의 폭이 넓어 둘 자리에 맞게 크기를 선택하기만 하면 됩니다.

관리 POINT

물은 약간 건조한 상태를 유지하며 줍니다. 화분 속까지 확실히 흙이 마르고 난 뒤, 줄 때는 듬뿍 줍니다. 잎이 얇아서 여름과 겨울에 옥외에 내놓으면 햇빛이나 추위에 잎이 타버리므로 조심하세요. 잎이 길게 자라면, 갈라진 부분에서 오래된 잎의 겨드랑이를 잘라주면 수형을 다듬기 좋습니다.

원산지	중남미
크기	테이블~XL
최저온도	기본 (10℃까지)
햇빛	보통
난이도	쉬움
꽃말	쾌활, 승리
반려동물·아기	○ 해 없음

파키라 밀키웨이

관리 POINT

파키라와 마찬가지로 건조하게 기릅니다. 파키라 밀키웨이에 좋은 환경은 레이스 커튼으로 차광한 정도의 밝은 곳입니다. 직사광선은 잎 뎀 현상을 일으킵니다. 파키라는 내음성이 있는 식물이지만, 파키라 밀키웨이는 어두운 장소에서는 광합성을 하지 못해 영양을 만들 수 없습니다.

위장 무늬가 멋들어진 파키라

초록색 잎에 흰색 얼룩으로 산뜻한 인상을 주는 파키라 밀키웨이는 무늬가 잎마다 다른 형태로 들어가고, 자라면서도 달라지기 때문에 보는 즐거움이 있습니다. 씨앗에서 발아한 실생묘도 있고, 파키라에 접목하여 만들기도 하는 등 여러 형태로 다양하게 유통됩니다.

원산지	중남미
크기	테이블~XL
최저온도	기본 (10℃까지)
햇빛	보통
난이도	보통
꽃말	쾌활, 승리
반려동물·아기	○ 해 없음

Asparagaceae

비짜루과(용설란과)

비짜루과에는 드라세나, 산세비에리아, 아가베 같은 인기 수종이 많습니다. 건조한 환경에 강한 품종이 많아 초보자에게 좋은 관엽식물입니다. 원예 품종도 많고 외관도 다양합니다. 관엽식물뿐만 아니라 꽃다발이나 화환 등에도 가지와 잎을 사용합니다. 드라세나속은 곧게 뻗은 날씬한 모양이 많아 좁은 공간도 활용하여 즐길 수 있습니다.

POINT 1

날씬한 수형

드라세나속은 곧게 뻗은 줄기를 모아 심어 가늘고 늘씬한 수형이 많아 좁은 곳을 장식하기 좋다.

POINT 2

강건한 성질

비가 적게 오는 곳이 원산지인 아가베와 산세비에리아는 매우 튼튼하다. 물 부족에도 강하고 든든하다.

POINT 3

꽃이 핀다

산세비에리아과의 꽃은 화려하지 않지만, 작은 화분에서도 피우기도 하니 기대해 볼 만하다.

대왕유카

1

Asparagaceae

코끼리의 발처럼 굵고 억센 줄기

검처럼 생긴 날카로운 잎이 위로 뻗어갑니다. 줄기 표면은 거친 갈색이며 코끼리의 발처럼 굵고 강한 모습이며, '유카 엘레판티페스'라는 이름으로도 불립니다. 건조를 좋아해 기르기 쉬우며 초보자에게도 추천하는 수종입니다.

원산지	중앙아메리카
크기	테이블~XL
최저온도	강함 (0℃까지)
햇빛	내음성 있음
난이도	쉬움
꽃말	늠름, 용감, 위대
반려동물·아기	× 독성 있음

관리 POINT

굵은 줄기에 수분을 많이 저장하므로, 물을 자주 주면 수분량이 너무 많아지고 뿌리가 썩어버립니다. 흙을 잘 건조한 다음에 물을 줍니다. 두는 장소는 밝은 곳이 좋습니다. 내음성이 있지만, 너무 어두우면 잎이 물러져 축 늘어집니다.

천수란

유통량이 적은 멋쟁이 유카

기르기 쉽고 거친 줄기가 매력 있는 식물입니다. 천수란은 대왕유카보다 잎이 두껍고 단단하며 끝은 날카롭게 곤두서 있습니다. 내한성이 높아 옥외에 둘 수도 있는 수종이어서 최근 인기 있는 드라이 가든(건조에 강한 선인장, 다육식물을 메인으로 자갈 등으로 꾸민 정원-옮긴이)에 많이 활용합니다.

원산지	멕시코
크기	S~XL
최저온도	강함 (0℃까지)
햇빛	밝은 곳
난이도	쉬움
꽃말	늠름, 용감, 위대
반려동물·아기	× 독성 있음

관리 POINT

연중 밝은 환경에서 키워야 합니다. 태양 빛을 많이 받고 바람을 통하게 하면 줄기가 옹골차게 굵어지고, 잎의 상태도 좋아집니다. 내음성은 있지만, 실내의 어두운 곳에 오래 두면 말라버립니다. 봄에서 가을 사이에는 밖에서 일광욕을 시켜 주세요.

송오브인디아 드라세나

3

Asparagaceae

관리 POINT

드라세나는 건조한 환경을 좋아하므로 물은 약간 건조한 느낌을 유지하도록 줍니다. 밝은 곳을 선호합니다. 자라면서 수형이 무너지기도 하므로 정기적으로 길게 자라 튀어나오는 부분을 잘라주면서 기릅니다. 가지치기한 잎은 유리병에 물을 넣어 꽂아 두면 수경재배로 기를 수도 있습니다.

자유롭게 뻗어가는 가지와 노란 잎이 개성

가늘고 긴 조릿대 모양의 잎에 노란 무늬가 들어간 산뜻한 외관이 매력적입니다. '송오브' 시리즈는 가지가 곧게 뻗지 않고 구불구불 완만하게 구부러져 자랍니다. 이름처럼 밝게 노래하듯이 자라는 모습을 보여줍니다.

원산지	마다가스카르, 인도, 동남아시아 등
크기	S~XL
최저온도	기본 (10℃까지)
햇빛	보통
난이도	보통
꽃말	행복, 행복한 사랑
반려동물·아기	× 독성 있음

드라세나 콘시나 마지나타

놓을 자리에 구애받지 않는 날씬한 수형

드라세나는 튼튼하고 건조한 환경에도 강해 기르기 쉬운 관엽식물입니다. 그중에서도 콘시나는 가는 줄기가 쭉 뻗은 날씬한 수형이므로 좁은 공간에도 잘 어울립니다. 마지나타는 초록 잎의 테두리에 붉은 선이 들어가 있습니다.

원산지	마다가스카르
크기	테이블~XL
최저온도	기본 (10℃까지)
햇빛	보통
난이도	보통
꽃말	진실
반려동물·아기	× 독성 있음

관리 POINT

다른 드라세나와 마찬가지로 건조하고 밝은 곳에서 기릅니다. 콘시나는 오래된 잎이 점차 아래쪽으로 벌어지며 색깔이 노랗게 되다가 떨어지고 새잎이 나면서 성장합니다. 잎을 옆으로 당기면 쉽게 떨어지기 때문에 부피가 커지면 오래된 잎을 정리해서 수형을 다듬어 주세요.

드라세나 콘시나 화이트홀리

관리 POINT

하얀 잎의 화이트홀리는 직사광선의 강한 빛과 너무 어두운 환경에 취약합니다. 직사광선을 쬐면 갈색으로 타버리고 너무 어두우면 잎의 색이 바래거나 갈색이 됩니다. 레이스 커튼으로 차광한 밝기 정도로 놓을 장소를 정해보세요. 물은 약간 건조한 정도로 주면 됩니다.

뾰족한 잎에 하얀 무늬가 들어가 아름다운 드라세나

콘시나 화이트홀리는 뾰족하고 가는 잎에 흰 줄무늬가 있습니다. 시원하고 산뜻한 인상으로 공간을 환하게 해줍니다. 이렇게 희고 아름다운 잎을 가진 대형 종은 흔치 않으니, 인테리어의 주인공으로도 손색이 없겠지요.

원산지	마다가스카르, 아프리카 열대 기후 지역
크기	M ~ XL
최저온도	기본 (10℃까지)
햇빛	보통
난이도	보통
꽃말	진실
반려동물·아기	× 독성 있음

Asparagaceae

드라세나 콘시나 스칼렛아이비스

어디에서도 볼 수 없는 선명한 빨간색

단 하나뿐인 선명한 빨간색 잎이 특징입니다. 아이비스는 따오기과의 새입니다. 이름처럼 따오기의 빨간 얼굴 같은 선명한 색감은 어느 콘시나에서도 볼 수 없지요. 기르기 쉽고 수형을 다듬기도 좋아 초보자에게도 추천하며 선물용으로도 적당합니다.

원산지	마다가스카르
크기	M~XL
최저온도	기본 (10℃까지)
햇빛	보통
난이도	쉬움
꽃말	진실
반려동물·아기	× 독성 있음

관리 POINT

기르는 방법은 다른 콘시나와 비슷합니다. 물은 약간 건조하게 주고, 직사광선이 있거나 너무 어두운 곳은 피해 관리합니다. 적절한 환경에서 관리하면 잎이 손상되지 않고 선명한 색감을 유지합니다. 잎끝이 갈색으로 변하면 손상된 부분만 잘라줍니다.

드라세나 와네키 레몬라임

7

Asparagaceae

관리 POINT

드라세나의 기본 관리법인 '약간 건조한 느낌으로 물을 주고 적당히 밝은 곳에 둔다'를 지켜 관리합니다. 잎의 색이 선명한 드라세나 와네키 레몬라임 같은 품종은 봄에서 가을 사이의 적기에 비료를 주면, 잎의 아름다움을 유지합니다. 그러므로 매년 준다고 생각하면 좋겠습니다.

공간을 화사하게 해주는 밝은색 잎

다른 드라세나처럼 날씬한 수형을 가집니다. 와네키는 품종에 따라 잎의 모양과 색이 다릅니다. 레몬라임은 이름처럼 라임색과 초록색 줄무늬가 들어간 화사한 잎 색감이 특징입니다. 오래된 잎이 벗겨지면 그 부분이 줄기가 되며 자랍니다.

원산지	열대 아프리카
크기	테이블~XL
최저온도	기본 (10℃까지)
햇빛	보통
난이도	쉬움
꽃말	행복, 감출 수 없는 행복
반려동물·아기	× 독성 있음

드라세나 캄보디아나

Asparagaceae

분수처럼 아름답게 펼쳐지는 부드러운 잎

굵은 줄기에 잎이 분수 모양으로 붙어 있습니다. 라임그린의 잎 색은 공간을 환하게 만들어 줍니다. 물을 적게 줘도 괜찮은 드라세나이므로 초보자에게도 추천합니다. 리조트 스타일이든 편안한 스타일이든 어느 인테리어에 활용해도 잘 어울립니다.

관리 POINT

드라세나 캄보디아나는 춥고 어두우면 잎의 색이 옅어지고 기운도 없어집니다. 봄에서 가을까지는 직사광선이 닿지 않는 장소에서 일광욕을 시켜주면 잎이 짱짱해지며 색도 진하고 선명해집니다. 물은 드라세나의 기본 관리 방법대로 약간 건조한 듯하게 주면 됩니다.

원산지	동남아시아, 중국 남부
크기	S~XL
최저온도	기본 (10℃까지)
햇빛	보통
난이도	쉬움
꽃말	행복
반려동물 · 아기	× 독성 있음

드라세나 콤팩타

9

Asparagaceae

짙은 녹색의 잎이 촘촘하게 자라는 드라세나

드라세나답게 날씬한 수형으로 자라기 때문에 장식하기가 좋고, 좁은 공간에 놓아야 할 때 적당합니다. 선물하기도 적당해 인기가 좋습니다. 이름대로 조밀하게 자라며, 가는 줄기와 윤기 있는 초록색 잎은 예술품처럼 공간에 어울립니다.

원산지	중국, 대만
크기	S~XL
최저온도	기본 (10℃까지)
햇빛	내음성 있음
난이도	쉬움
꽃말	정직, 성실
반려동물·아기	× 독성 있음

관리 POINT

건조하고 밝은 곳에서 관리합니다. 잎이 많아지면 오래된 잎부터 제거하면서 수형을 정돈하세요. 엽수를 할 때 잎과 잎 사이에 물이 고이면 그 부분이 손상되어 검어집니다. 엽수는 따뜻한 시간대에 미스트 형태의 분무기를 사용합니다.

10

Asparagaceae

드라세나 산데리아나

개운죽이라고 불리는 행운의 상징

산데리아나는 행운의 대나무라는 뜻의 개운죽이라고 불리기도 하는데 이것은 별명일 뿐, 대나무가 아니라 드라세나 종류입니다. 행운을 부르는 관엽식물로 오래전부터 사랑받아 왔습니다. 중국, 대만에서는 신단의 장식에 사용할 정도로 소중히 여깁니다.

관리 POINT

밝고 따뜻한 곳에서 기르세요. 생육이 왕성하게 자라므로 정기적으로 가지치기를 하고 모양을 다듬어 주어야 합니다. 오래된 잎은 노랗게 변하면 따내고 전체가 너무 부풀면 뻗어 나온 만큼 잘라냅니다. 그러면 가지치기한 자리 밑에서 다시 새잎이 돋아나옵니다.

원산지: 아프리카 서부

크기: 테이블~M

최저온도: 기본 (10℃까지)

햇빛: 밝은 곳

난이도: 보통

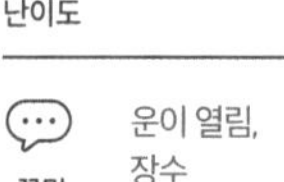

꽃말: 운이 열림, 장수

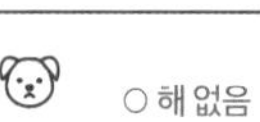

반려동물·아기: ○ 해 없음

덕구리난

Asparagaceae

애칭은 포니테일

밑동은 부풀어 있고 잎이 늘어져 있습니다. 부푼 부분에는 수분을 저장하게 되어 있지요. 영문명은 긴 잎이 말의 꼬리처럼 보여서 '포니테일'이라고 합니다. 멕시코가 원산지이며 건조한 환경에 강하고 성질도 강건합니다.

원산지	멕시코
크기	테이블~XL
최저온도	기본 (10℃까지)
햇빛	보통
난이도	쉬움
꽃말	다재다능
반려동물·아기	○ 해 없음

관리 POINT

약간 건조한 정도로 물을 줍니다. 선호하는 환경은 밝고 따뜻한 곳이지만, 새순이 직사광선을 쬐면 타버리기도 하므로 조심하세요. 또 너무 춥거나 너무 어두워도 잎이 까맣게 손상됩니다. 잎이 길게 뻗어 나오면 적당한 위치에서 가위를 비스듬히 대고 잘라줍니다.

Asparagaceae TABLE PLANTS

비짜루과의 테이블 플랜트

산세비에리아 본셀스투키

Sansevieria boncellensis → p. 113

산세비에리아 사무라이 드워프

Sansevieria samurai dwalf → p. 115

비짜루과의 테이블 플랜트는 산세비에리아와 아가베가 주인공입니다. 둘 다 원예 품종이 다양해 수집하며 즐기는 분이 많습니다. 기르기 쉬우므로 초보자에게도 권장합니다.

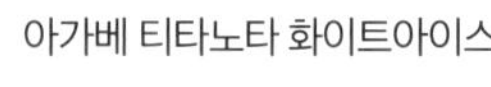

아가베 티타노타 화이트아이스

Agave titanota 'White Ice' → p. 122

아가베 호리다

Agave horrida → p. 121

아가베 포타토룸스폰

Agave Potatorum 'Spawn' → p. 123

산세비에리아 본셀스투키

12

Asparagaceae

관리 POINT

내음성은 있지만, 가능한 한 밝고 따뜻한 곳에서 관리해야 단단하고 튼튼하게 자랍니다. 한여름 직사광선은 피해 주세요. 흙에서 새로운 포기가 자라기 시작하면 너무 빽빽해지기 전에 살살 뽑아내어 다른 화분에 옮겨 심어주세요. 꽃이 피면 빨리 따주세요.

통통한 몸통을 부채처럼 펼치며 자란다

공기 청정 효과가 있어 인기가 좋습니다. 건조한 환경에 강하며 기르기 쉬워 초보자에게도 추천합니다. 통통한 막대 모양 잎이 부채꼴로 펼쳐지는 독특하고 개성적인 모습이 인테리어의 포인트가 되기도 해 많은 사랑을 받아 왔습니다.

원산지	아프리카, 남아시아 건조지대
크기	테이블~XL
최저온도	기본 (10℃까지)
햇빛	내음성 있음
난이도	쉬움
꽃말	영구, 불멸
반려동물·아기	○ 해 없음

13

Asparagaceae

산세비에리아 제라니카

초록의 얼룩말 무늬가 멋진 산세비에리아

제라니카는 검 모양의 잎이 위로 뻗으며 자랍니다. 짙고 옅은 초록 얼룩말 무늬가 시원시원한 인상을 줍니다. 작은 화분에서 XL 크기까지 유통되며 대형 화분은 스탠드나 세로 길이가 긴 화분과 맞추면 멋있게 장식할 수 있습니다.

관리 POINT

내음성이 있지만, 밝고 따뜻한 장소에서 건조하게 기릅니다. 산세비에리아 제라니카는 적절한 환경보다 너무 어둡거나 물이 너무 많으면 잎이 물러지고 늘어집니다. 물이 잘 마르게 하고 가능한 한 밝은 곳에서 관리하면 수형이 아름답게 유지됩니다.

원산지	아프리카, 남아시아 건조지대
크기	테이블~XL
최저온도	기본 (10℃까지)
햇빛	내음성 있음
난이도	쉬움
꽃말	영구, 불멸
반려동물·아기	○ 해 없음

산세비에리아 사무라이 드워프

잎이 옹골찬 남성적인 품종

산세비에리아 사무라이 드워프의 잎은 작은 검의 모양입니다. 한국에서는 '산세비에리아 티아라'라는 이름으로도 많이 사용하며, 두툼한 잎이 로제트 모양으로 펼쳐지며 자랍니다. 나선 모양으로 선회하면서 크기 때문에 어린 모종일 때는 부채꼴로 보이고, 차차 로제트 모양으로 변화합니다. 촘촘하게 자라는 품종입니다.

원산지	아프리카, 남아시아 건조지대
크기	테이블~XL
최저온도	기본 (10℃까지)
햇빛	내음성 있음
난이도	쉬움
꽃말	영구, 불멸
반려동물·아기	○ 해 없음

관리 POINT

산세비에리아에 물을 줄 때는 특히 건조한 상태를 유지하도록 유의해야 합니다. 내음성은 있지만, 적정 수준보다 어두우면 웃자라게 됩니다. 해가 있는 방향으로 기울어지므로 가끔 화분 방향을 돌리면서 기르면 균형이 좋아집니다.

산세비에리아 펀우드펑크

제멋대로 기운차게 자라는 산세비에리아

산세비에리아 펀우드펑크는 잎이 약간 밖으로 뒤집히며 방사형으로 자랍니다. 생육기인 봄에서 가을까지는 기운 넘치게 쑥쑥 자랍니다. 작은 화분에서 M 사이즈 정도의 크기로 유통되는데, 작은 화분에서도 종종 꽃이 피는 건강한 품종입니다.

원산지	아프리카, 남아시아 건조지대
크기	테이블~XL
최저온도	기본 (10℃까지)
햇빛	내음성 있음
난이도	쉬움
꽃말	영구, 불멸
반려동물·아기	○ 해 없음

관리 POINT

생육이 왕성한 식물이므로 정기적으로 분갈이나 포기나누기를 해주면서 기릅니다. 분갈이할 때는 한 단계 큰 화분으로 바꾸어 주세요. 포기나누기를 할 때는 원래 화분과 같은 크기, 또는 한 단계 작은 화분을 준비해서, 화분 두 개로 나누어 심어줍니다.

산세비에리아 펀우드미카도

관리 POINT

내음성은 있지만, 일조가 부족한 환경에서 자라면 잎이 힘이 없고 가늘고 길며 비실대는 상태가 됩니다. 위로 곧게 자라는 단단한 식물로 기르려면 적당히 일광욕을 해주어야 합니다.

뾰족한 잎이 쭉 뻗어 자라는 세련된 식물

펀우드미카도는 가늘고 긴 잎이 위로 뻗어나가는 모습이 무척 세련된 산세비에리아입니다. 수형이 잘 무너지지 않아 기르기 쉬운 품종이지요. 주로 테이블 사이즈인 작은 화분으로 유통됩니다. 펀우드펑크와 마찬가지로 작은 화분에서도 꽃이 핍니다.

원산지	아프리카, 남아시아 건조지대
크기	테이블~M
최저온도	기본 (10℃까지)
햇빛	내음성 있음
난이도	쉬움
꽃말	영구, 불멸
반려동물·아기	○ 해 없음

17

산세비에리아 라우렌티

Asparagaceae

산세비에리아의 대표 종 '호랑이의 꼬리'

산세비에리아는 공기 청정 효과가 있어 사랑받는 품종입니다. 그 인기에 불을 붙인 품종이 바로 이 라우렌티입니다. 건조한 환경에 강한 덕분에 초보자도 쉽게 기를 수 있어 폭발적으로 인기를 얻었습니다. '호랑이의 꼬리'라는 애칭으로도 불리지요. 노란 얼룩 무늬가 공간을 화사하게 만들어 주는 역할을 합니다.

관리 POINT

내음성이 있지만, 너무 어두우면 잎이 축 늘어집니다. 환한 곳에서 관리하면 수형을 예쁘게 만들기 쉬워집니다. 봄에서 가을까지는 직사광선을 피해 일광욕을 시켜주면 잎이 두꺼워지고 얼룩무늬도 더 예뻐집니다.

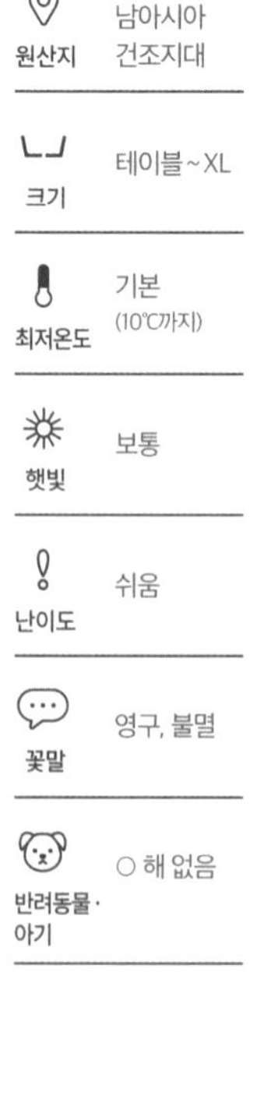

원산지	아프리카, 남아시아 건조지대
크기	테이블~XL
최저온도	기본 (10℃까지)
햇빛	보통
난이도	쉬움
꽃말	영구, 불멸
반려동물·아기	○ 해 없음

산세비에리아 마소니아나

넓은 잎을 가진 개성파 산세비에리아

빨간색 테두리에 초록색 넓적한 잎이 특징인 마소니아나. 잎은 단단하고 두껍습니다. 산세비에리아 중에서는 드물게 잎의 폭이 넓고, 동글동글하여 귀여운 모습입니다. 생장은 느린 편입니다. 아직 유통량이 많지 않은 품종입니다.

원산지	아프리카, 남아시아 건조지대
크기	테이블~S
최저온도	기본 (10℃까지)
햇빛	밝은 곳
난이도	쉬움
꽃말	영구, 불멸
반려동물·아기	○ 해 없음

관리 POINT

내음성이 있기는 하지만, 마소니아나의 특징인 폭이 넓고 동그란 잎의 상태를 유지하기 위해서는 밝기와 통풍이 중요합니다. 산세비에리아의 기본 관리 요령에 따라 직사광선은 피하고 밝은 곳에서 관리하세요. 너무 어두우면 잎이 간격이 벌어지며 자랍니다. 물은 특히 건조하게 줍니다.

19

Asparagaceae

아가베 뇌신

아름다운 실버 블루의 아가베

데킬라의 원료로 알려진 아가베는 기르기 쉬운 다육식물로 인기가 있으며, 애호가도 무척 많습니다. 뇌신은 로제트 모양으로 펼쳐진 실버 블루색 잎이 특징이며, 잎의 가장자리에 조금씩 웨이브를 만들며 자랍니다. 톱니*는 붉은 갈색을 띱니다.

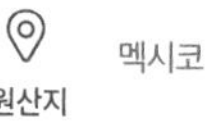

원산지	멕시코
크기	테이블~M
최저온도	강함 (5℃까지)
햇빛	밝은 곳
난이도	쉬움
꽃말	섬세, 고상한 귀부인
반려동물·아기	△ 가시 있음

아가베는 해가 잘 들고 통풍이 잘되는 곳을 좋아합니다. 흙은 관엽식물용보다는 배수성이 높고 보수성이 낮은 흙을 사용하면 단단하고 건강하게 기를 수 있습니다. 한여름의 직사광선이 너무 강하면 잎이 타버리므로 지붕 아래나 통풍이 잘되는 옥외에서 관리하세요.

* 잎의 가장자리에 보이는 뾰족하게 베어진 자국이나 가시 같은 것

아가베 호리다

관리 POINT

아가베 중에서는 뇌신과 마찬가지로 비교적 추위에 강하지 않은 유형입니다. 겨울에는 실내에서 관리해주세요. 높은 습도에 약하므로 장마 시기에는 긴 비에 노출되지 않도록 하고, 한여름에는 통풍이 잘되는 장소에서 특히 건조하게 기릅니다. 물은 아래쪽 잎에 주름이 잡히면 줍니다.

가늘고 길며 잎이 뾰족한 '부동검'

아가베 호리다는 약간 윤기가 있는 짙은 초록색으로, 가늘고 긴 모양입니다. 잎은 평평하고, 아름다운 로제트 모양으로 자랍니다. 톱니는 어릴 때는 적갈색이지만, 성숙하면 회색으로 변하고 송곳니 모양이 됩니다. 관리하기 쉬운 중형 종으로 인기가 있습니다.

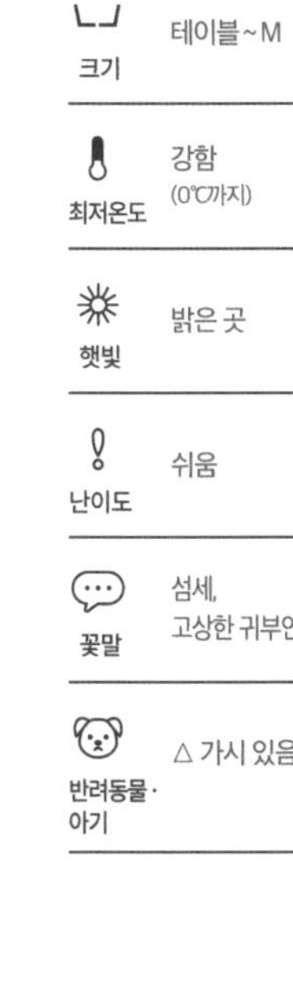

원산지	멕시코
크기	테이블~M
최저온도	강함 (0℃까지)
햇빛	밝은 곳
난이도	쉬움
꽃말	섬세, 고상한 귀부인
반려동물·아기	△ 가시 있음

아가베 티타노타 화이트아이스

두툼한 화이트 블루 잎을 가진 소형 종

이름처럼 꽁꽁 언 얼음같이 창백한 푸른색을 띤 두툼한 잎이 특징입니다. 구부러지고 거친 가시가 있습니다. 자생지에서는 40~60cm 정도로 생장한다고 하지만, 화분에 심으면 자생지에서만큼 크게 자라지는 않으므로 관리하기 좋은 품종입니다.

원산지	멕시코
크기	테이블~M
최저온도	강함 (5℃까지)
햇빛	밝은 곳
난이도	쉬움
꽃말	섬세, 고상한 귀부인
반려동물·아기	△ 가시 있음

관리 POINT

아가베는 해가 잘 들고 통풍이 잘되는 곳을 좋아합니다. 흙은 관엽식물용보다는 배수성이 높고 보수성이 낮은 흙을 사용하면 단단하고 건강하게 기를 수 있습니다. 한여름의 직사광선이 너무 강하면 잎이 타버리므로 지붕 아래나 통풍이 잘되는 옥외에서 관리하세요.

아가베 포타토룸스폰

관리 POINT

햇볕이 잘 들고 통풍이 잘되는 곳을 좋아합니다. 포타토룸스폰은 아가베 중에서는 추위에 강하지 않은 편이라 겨울이 되기 전에 실내로 들여서 관리합니다. 흙은 관엽식물용 흙보다 배수성이 높고 보수성이 낮은 흙을 사용해야 옹골차고 건강한 식물로 자랍니다.

구불거리는 적갈색의 멋진 톱니

톱처럼 들쭉날쭉한 잎이 특징으로, 박력이 넘치는 품종입니다. 잎은 회색과 푸른색을 띠는데, 강한 직사광선이나 수분의 증발을 막기 위해 '블룸'이라는 하얀 가루 같은 것이 묻어 있습니다. 초보자도 기르기 쉬운 품종입니다.

원산지	멕시코
크기	테이블~M
최저온도	강함 (5℃까지)
햇빛	밝은 곳
난이도	쉬움
꽃말	섬세, 고상한 귀부인
반려동물·아기	△ 가시 있음

Myrtaceae

도금양과

도금양과는 오스트레일리아가 원산지인 식물이 많습니다. 대표적인 품종이 유칼립투스입니다. 일본에서 유통되는 도금양과의 식물 대부분은 오지 플랜트라고 하며 야외용 정원수로도 활용됩니다. 관엽식물로는 시지기움 쿠미니가 유통되는데, 흰 줄기와 연두색의 부드러운 잎이 인기를 끕니다.

POINT 1

희귀하다

아직 생산량이 많지 않아 유통량은 적다. 마음에 든다면 망설이지 말고 구매해보자.

POINT 2

나무 같은 수형

가지가 위로 향해 여러 갈래로 뻗으며 잎을 낸 자연스러운 수형이다. 의외로 관엽식물에는 적다.

POINT 3

왕성한 생육

자라는 속도가 빨라 금세 풍성해진다. 가지와 잎이 자라는 모습을 감상하고 싶은 분께 안성맞춤이다.

시지기움 쿠미니

1
Myrtaceae

유칼립투스의 한 종류

'아마존 올리브'라는 이름으로도 불리지만, 올리브가 아니라 유칼립투스와 같은 도금양과에 속하는 식물입니다. 하얀 가지와 부드러운 연두색의 가늘고 긴 잎이 산뜻한 느낌이어서, 숲속 나무 그늘에 있는 기분을 느끼게 됩니다. 유통 크기는 중형이 대부분입니다. 심볼 트리로 적합합니다.

원산지	동남아시아
크기	M~XL
최저온도	기본 (10℃까지)
햇빛	보통
난이도	보통
꽃말	행복, 기쁜 소식
반려동물·아기	○ 해 없음

관리 POINT

너무 덥거나 너무 밝은 장소보다는 레이스 커튼으로 차광한 밝기나 반그늘 정도에 바람이 잘 통하는 곳을 좋아합니다. 또 생장기에는 흙의 표면이 마르면 물을 줍니다. 생육이 왕성하여 1년 정도 기르면 잎이 쭉쭉 뻗어나가므로 너무 자라면 가지치기하여 수형을 정돈합니다.

Araliaceae

두릅나뭇과

예전부터 일본에서도 자생하여 약용이나 식용으로 사용되었습니다. 관엽식물로 유통되는 품종은 중국에서 오래전에 전해졌다고 알려져 있으며, 식용 외에 산울타리로도 사용되었습니다. 잎은 손바닥 모양이며, 윤기 있는 초록색이 공간을 환하게 해줍니다. 또 큰 나무의 굵고 거친 줄기가 볼거리입니다.

POINT 1

더위와 추위 모두에 강하다

기본적으로 매우 강건하지만, 뜨거운 여름에는 습도도 높고 바람이 없으면 축 늘어지므로 주의해야 한다.

POINT 2

윤기 있는 잎

두릅나뭇과는 윤기 있는 예쁜 잎이 특징이다. 전체적으로 생생한 생명력이 느껴진다.

POINT 3

다 자란 나무의 박력

큰 나무가 되면 굵고 우람한 줄기에 개성적인 수형을 갖추게 된다. 박력 만점인 멋진 식물이다.

셰플레라

1

Araliaceae

그늘에서도 자라는 강건한 관엽식물

손바닥 모양의 초록색 잎은 끝으로 갈수록 가늘어집니다. 내음성이 높고, 일조가 불안한 환경에서도 잘 자랍니다. 대형으로 유통되는 상품은 따뜻한 지역에서 생산되는데, 자생지를 생각나게 하는 거친 줄기가 매력입니다.

원산지	중국, 대만
크기	테이블~XL
최저온도	강함 (5℃까지)
햇빛	내음성 있음
난이도	쉬움
꽃말	정직, 성실
반려동물·아기	× 독성 있음

관리 POINT

여름 무더위에 주의해야 합니다. 고온, 저온에는 비교적 내성이 있기는 하지만, 뜨거운 여름철에 실내 온도와 습도가 오르고 바람이 잘 통하지 않으면 나무에도 열과 습기가 차서 잎자루가 검게 변하고 뚝뚝 떨어져 버립니다. 한여름에는 통풍이 잘되도록 특별히 신경 써서 기르세요.

2

셰플레라 치앙마이

셰플레라에 비해 색이 밝고 폭이 넓은 잎

셰플레라 치앙마이는 셰플레라만큼 유통량이 많지 않고, 크기도 대형이 일반적입니다. 셰플레라와 마찬가지로 매우 튼튼하고 기르기 쉽습니다. 잎의 크기는 셰플레라보다 조금 크고, 폭이 넓고, 색감도 다소 밝은 초록입니다.

관리 POINT

셰플레라와 마찬가지로 찜통더위에 주의하세요. 또 셰플레라처럼 강건한 성질을 가지지만, 내음성은 다소 떨어집니다. 레이스 커튼으로 차광한 정도로 밝은 곳을 좋아하므로 창가나 밝은 거실에서 기르세요. 물을 줄 때는 흙이 말랐는지 확인하고 충분히 주세요.

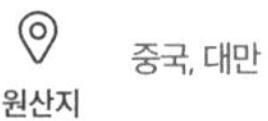

원산지	중국, 대만
크기	M~XL
최저온도	기본 (10℃까지)
햇빛	보통
난이도	쉬움
꽃말	정직, 성실
반려동물·아기	× 독성 있음

셰플레라 앵거스티폴리아

관리 POINT

물이 부족하지 않게 신경 써야 합니다. 생장기에는 물을 많이 빨아들입니다. 흙이 마른 후에 물을 주어야 좋아하지만, 물이 말라 있는 시간이 길어지면 잎이 아래로 처지게 됩니다. 물을 주어도 돌아오지 않기 때문에 세심하게 흙의 건조 상태를 확인해야 합니다.

잎의 모양이 좁고 길어 세련된 인상

셰플레라 앵거스티폴리아는 가늘고 긴 섬세한 잎이 특징입니다. 세련된 곡선 수형은 인테리어로도 존재감을 한껏 드러냅니다. 셰플레라답게 성질도 강건하고 환경 적응력도 높아 초보자도 안심하고 기를 수 있습니다.

원산지	중국, 대만
크기	테이블~XL
최저온도	기본 (10℃까지)
햇빛	내음성 있음
난이도	쉬움
꽃말	정직, 성실
반려동물·아기	× 독성 있음

셰플레라 해피옐로

행복한 기운이 만개한 노란 셰플레라

기르기 쉽고 인기가 많은 셰플레라의 원예 품종입니다. 이름처럼 선명한 노란색 잎이 특징으로, 노란 손바닥 모양의 잎이 마치 꽃처럼 보입니다. 멋스러운 곡선 수형은 메인 트리로 적합하지요. 공간의 분위기를 한층 밝게 해줍니다.

원산지	중국, 대만
크기	테이블~XL
최저온도	기본 (10℃까지)
햇빛	밝은 곳
난이도	보통
꽃말	정직, 성실
반려동물·아기	× 독성 있음

관리 POINT

잎 색이 노랗고 초록색 엽록소가 적기 때문에 다른 셰플레라보다 밝은 곳을 좋아합니다. 해가 잘 들고 바람이 잘 통하는 창가에 두면 좋습니다. 또 여름철의 온습도 급상승, 무더위에 약하므로 서큘레이터나 에어컨을 활용하면 좋겠습니다.

셰플레라 콤팩타

관리 POINT

셰플레라와 거의 비슷한 방법으로 기릅니다. 레이스 커튼으로 차광한 밝은 장소나 반그늘 정도가 적당하고 바람이 잘 통하는 환경을 좋아합니다. 물은 흙이 잘 마른 후에 주어야 합니다. 콤팩타는 생장이 느리기 때문에 가지치기 같은 손질이 많이 필요하지 않다는 점이 좋습니다.

귀엽고 작은 잎에 크기도 적당

셰플레라 콤팩타는 이름처럼 오밀조밀하게 자라는 왜성 종으로, 튼튼하게 기르기 좋은 품종입니다. 테이블 사이즈에서 S 정도까지가 많이 유통되므로 주방이나 테이블 옆 등 좁은 장소에도 적합합니다.

원산지	중국, 대만
크기	테이블~S
최저온도	기본 (10℃까지)
햇빛	내음성 있음
난이도	쉬움
꽃말	정직, 성실
반려동물·아기	× 독성 있음

Araliaceae

아이비

선반 위에 두거나 벽걸이로 돋보이는 덩굴성 식물

땅을 기어가듯이 덩굴을 뻗으며 자랍니다. 잘 시들지 않고 1년 내내 귀여운 잎이 자라기 때문에 관엽식물로 인기가 좋습니다. 관리가 쉽고 해가 잘 들지 않는 곳에서도 형광등의 빛만 있으면 생장합니다. 벽걸이나 공중걸이로 활용해도 멋스럽습니다.

원산지	유럽, 아시아, 북아프리카
크기	테이블~S
최저온도	강함 (0℃까지)
햇빛	내음성 있음
난이도	쉬움
꽃말	영원한 사랑, 우정, 성실, 불멸, 결혼
반려동물·아기	× 독성 있음

관리 POINT

높은 곳에 있는 선반에 놓거나 공중 걸이 식물로 천장에서 늘어뜨리는 경우는 물 부족에 주의하세요. 높은 곳은 따뜻한 공기가 적체되기 쉬워, 신경 쓰지 않고 두면 흙이 바싹하게 말라 있는 경우가 많습니다. 처음에는 흙이 마르는 간격을 세심하게 확인해둡시다.

아랄리아 엘레간티시마

관리 POINT

내음성이 있지만, 반그늘보다는 레이스 커튼으로 차광한 밝은 그늘에서 관리해 주기를 바랍니다. 여름에는 흙이 마르면 바로 물을 주고, 추워지면 서서히 간격을 늘여 흙이 마르고 나서 며칠 뒤에 물을 줍니다. 여름의 직사광선, 겨울의 한기에 약하므로 주의하세요.

동서양풍 모두 어울리는 깔끔한 분위기

가늘고 들쭉날쭉한 톱날처럼 보이는 잎이 개성적입니다. 줄기와 잎이 시원시원한 느낌으로 동서양풍 어느 쪽의 인테리어에도 잘 어울립니다. 잎의 들쭉날쭉한 모양에 먼저 눈이 가지만, 잘 보면 두릅나뭇과의 특징인 손바닥 모양도 보입니다.

원산지	뉴칼레도니아, 열대 아시아
크기	S~XL
최저온도	기본 (10℃까지)
햇빛	보통
난이도	보통
꽃말	섬세, 우아
반려동물·아기	○ 해 없음

COLUMN

셰플레라의 풍수 파워

두릅나뭇과의 대표 종인 셰플레라는 '금전 운', '직업 운', '인간관계 운'을 높여주는 풍수효과가 있다고 합니다.

원래 풍수란 중국에서 전해오는 개념으로, '자연의 지형이나 사계절의 변화 등을 관찰하여 우리 인간에게 좋은 주거 환경을 찾아주는 기술의 한 가지로 확립된 고대의 지형학이다'라고 정리합니다. 우리의 주거환경과 생활을 개선하기 위한 현대의 풍수 아이템으로, 관엽식물을 집안에 들이면 운기가 바뀐다고 합니다.

예를 들어 잎이 날카로우면 나쁜 기운을 물리치고 직업 운을 개선하는 효과가 있고, 반대로 잎이 둥글면 긴장을 완화하는 효과가 있어 인간관계를 좋게 해준다고 합니다.

그러면 셰플레라가 가지는 효과인 '금전 운, 직업 운 상승', '인간관계 향상'은 어떤 이유에서 유래하는지 소개합니다. 먼저 금전 운 상승에 관해서는 둥그스름하고 작은 잎이 모여 있는 모습에서 꼬박꼬박 돈이 모이는 힘을 끌어온다고 봅니다. 손바닥 모양의 식물은 돈을 감싸 쥔다고 하지요. 셰플레라 해피옐로는 잎의 색이 금전 운의 상승 색으로 여기는 노란색이라 매력이 한층 더해지는 느낌이 듭니다. 직업 운에 관해서는 셰플레라가 어떤 환경에서도 쭉쭉 위로 뻗어나가는 모습에서 직업 운 상승의 힘을 가진다고 봅니다.

인테리어를 위해서든 취미로든 관엽식물을 키우면서 풍수라는 생활학의 아이템으로도 활용하니, 이득이라고 생각해도 좋겠네요.

셰플레라

Schefflera arboricola → p. 127

손바닥 모양의 식물은 금전 운 상승

셰플레라 해피옐로

Schefflera arboricola 'happyyellow' → p. 130

노란색은 금전 운 상승 색

셰플레라 앵거스티폴리아

Schefflera angustifolia → p. 129

잎이 가늘고 뾰족하면 직업 운 개선

폴리셔스 스타샤

섬세하고 아름다운 폴리셔스 중에서도 여린 잎을 가진 유형

폴리셔스는 타이완 단풍이라는 별명으로도 불립니다. 스타샤는 그중에서도 잎이 가늘고 섬세해 우아한 분위기를 만들어 사랑받는 품종입니다. 동서양풍 어떤 인테리어에도 잘 어울려 주인공 나무로도 적합합니다. 생산량이 적어 구하기 힘든 품종입니다.

원산지	동남아시아
크기	M~XL
최저온도	기본 (10℃까지)
햇빛	밝은 곳
난이도	보통
꽃말	소중한 추억
반려동물·아기	× 독성 있음

관리 POINT

밝고 따뜻한 곳에서 관리합니다. 특히 겨울의 추위에 약해 겨울은 창가에서 먼 안쪽으로 들여 따뜻하게 기릅니다. 잎의 온도를 낮추는 분무도 줄입니다. 여름에는 물 부족으로 인해 잎이 떨어지지 않도록 주의하세요. 흙의 표면이 건조하면 물을 주면 됩니다.

투피단서스

생명력 넘치는 커다란 잎은 최고의 존재감

우산처럼 잎을 크게 펼치기 때문에 '우산 나무'라는 별명이 있는 식물입니다. 큰 손바닥 모양에 윤기 있는 초록색 잎이 가장 큰 특징입니다. 내음성이 높아 해가 잘 들지 않는 장소에서도 건강하게 자랍니다. 존재감 있는 큰 화분으로 유통되는 경우가 많습니다.

관리 POINT

내음성이 강해 빛이 약한 형광등 아래에서도 자랍니다. 꽤 어두운 그늘에서도 자라지만, 잎의 광택이나 나무 상태를 유지하려면 어느 정도 빛이 있어야 안심입니다. 셰플레라와 마찬가지로 여름의 무더위는 조심해야 하며, 물은 흙이 잘 마른 후에 주어야 합니다.

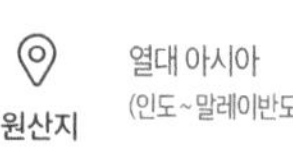

원산지	열대 아시아 (인도~말레이반도)
크기	S~XL
최저온도	기본 (10℃까지)
햇빛	내음성 있음
난이도	보통
꽃말	행복
반려동물·아기	× 독성 있음

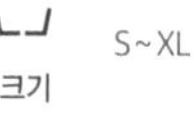

Lauraceae

녹나뭇과

녹나뭇과는 아시아와 남미에 분포하며 일본에도 많은 품종이 자생합니다. 녹나뭇과의 식물중에서 관엽식물로 기리는 대표 품종은 시나몬입니다. 실론계피나무라고도 하지요. 향신료로는 나무껍질 부분을 사용합니다. 나무가 서 있는 자태가 아름다워 관엽식물로도 생산됩니다.

POINT 1

세로로 뻗은 잎맥

잎맥이 세로로 들어간 흔치 않은 모양의 잎이 특징이다. 도도한 인상을 연출한다.

POINT 2

잎에서 나는 좋은 향기

잎을 반으로 접으면 은은하게 바닐라 향이 난다. 가지치기할 때 향기를 즐긴다.

POINT 3

추위에 약하다

시나몬은 추위에 약한 편이므로 겨울에는 밝고 따뜻한 실내에서 관리한다.

Lauraceae

시나몬

향신료에도 사용되는 스파이스 트리

시나몬은 향신료로 유명하지만, 관엽식물로 기르기도 합니다. 윤기 있는 초록색 잎과 세로로 선명하게 들어간 잎맥이 볼거리입니다. 크게 자란 나무의 껍질을 벗겨 건조하면 향신료로 사용할 수 있습니다.

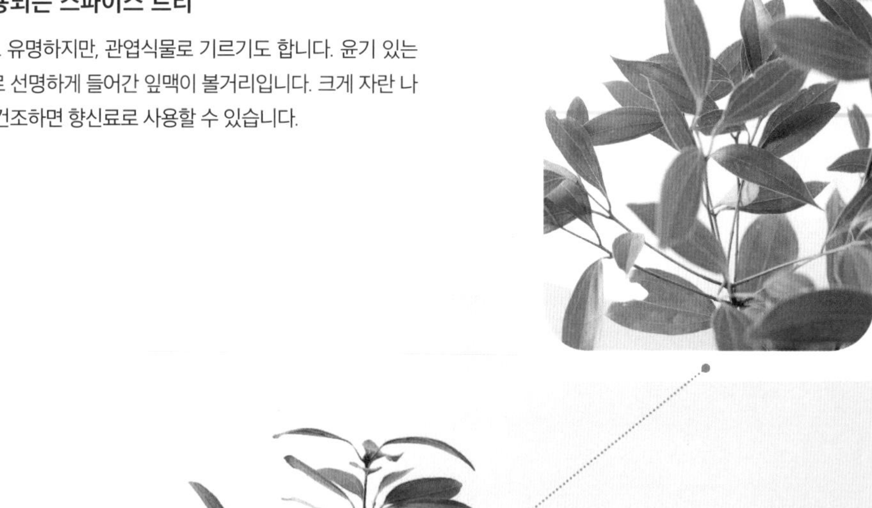

원산지	중국, 스리랑카, 남인도 등
크기	S~XL
최저온도	기본 (10℃까지)
햇빛	내음성 있음
난이도	보통
꽃말	청순, 순결
반려동물·아기	× 독성 있음

관리 POINT

기르기 쉽고 체력도 좋은 식물입니다. 겨울의 추위에만 약하므로 겨울에는 창가에서 안쪽으로 들여 따뜻하게 관리하세요. 물주기는 여름에는 흙이 화분 속까지 확실하게 마르면 주고, 겨울에는 거기서 며칠 더 지나서 물을 줍니다. 겨울에는 특히 밝고 따뜻한 장소에 두도록 유의하세요.

Fabaceae

콩과

콩과 식물은 전 세계에 분포되어 있습니다. 콩과 대부분은 작은 잎이 날개 모양으로 줄지어 있다는 점이 특징입니다. 정원수나 관엽식물로 유통되는 수종의 대부분은 꽃과 열매를 맺습니다. 그중 에버프레시는 여리고 부드러운 잎이 펼쳐져, 우아한 느낌으로 자라는 모습 덕분에 여성에게 인기가 높습니다.

POINT 1

크게 자란다

섬세해 보이지만, 생명력이 강하다. 새순이 계속 돋아나고 잘 자라므로 기르는 보람이 있다.

POINT 2

우아한 분위기

작은 잎이 많이 모여 우아한 분위기를 만든다. 내추럴 인테리어에 안성맞춤이다.

POINT 3

꽃이 피고 씨가 맺힌다

에버프레시는 꽃을 피우고, 붉은 깍지 안에 씨가 생기며, 씨가 발아해서 다시 자라기도 한다.

1

Fabaceae

에버프레시

무척 튼튼하고 생육이 왕성

작은 잎이 많이 달려 유연하면서도 시원시원한 모습이 인기입니다. 생육이 왕성하고 잘 자랍니다. 연두색 꽃이 피고, 붉은 콩깍지가 달리기도 합니다. 밤이 되면 잎을 닫고 쉬는 성질이 있습니다.

관리 POINT

물이 부족하지 않은지 신경 써야 합니다. 여름에는 흙의 표면이 건조할 때 주면 됩니다. 물이 부족하면 낮에도 잎이 닫혀 있습니다. 그런 증상이 보이면 바로 물을 주어야 합니다. 물이 계속 부족하면 잎이 떨어져 버리는데, 생육이 왕성하므로 다시 물을 주면 풍성한 나무로 돌아갑니다.

원산지	볼리비아, 브라질
크기	테이블~XL
최저온도	기본 (10℃까지)
햇빛	보통
난이도	쉬움
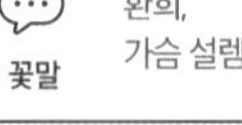 꽃말	환희, 가슴 설렘
 반려동물·아기	○ 해 없음

Hypericaceae

물레나물과

전 세계 온대지역과 열대지역에 40종 정도 분포하는 물레나물과 식물은 키 큰 나무의 모습, 줄기와 잎만 있는 모습, 덩굴성 모습 등 품종에 따라 외관이 다양합니다. 관엽식물로 유통되는 물레나물과의 대표 종은 클루시아입니다. 고무나무처럼 달걀형 다육질 잎을 가집니다.

POINT 1

동그랗고 귀여운 잎

반들반들하고 통통하며 동그란 모양의 잎을 가진 귀여운 인상이다.

POINT 2

건조에 강하다

건조한 환경에 강하고 물이 조금 부족해도 시들지 않기 때문에 바쁜 분들도 도전할 수 있다.

POINT 3

새순이 볼거리

봄에서 여름에 걸쳐 가지 끝에서 나오는 자그마한 새순이 무척 귀엽다. 생장하는 모습도 볼거리다.

Hypericaceae

클루시아 로세아 프린세스

동그랗고 통통한 잎이 사랑스럽다

둥글고 통통한 잎이 특징입니다. 잎에 상처를 내면 흔적이 남는 성질이 있어서 잎에 글자를 쓰는 데 이용하기도 해 '메시지 리프'라고도 합니다. 클루시아 로세아 개량종으로 로세아보다 잎이 작고 귀여운 느낌입니다.

원산지	서인도제도, 바하마제도, 멕시코 남부, 남아메리카 북부
크기	테이블~XL
최저온도	기본 (10℃까지)
햇빛	보통
난이도	쉬움
꽃말	영원한 행복
반려동물·아기	× 독성 있음

관리 POINT

관엽식물의 기본 관리법으로 관리하면 특별한 문제는 없습니다. 겨울 추위에 약한 편이므로 한기에 닿지 않도록 주의하세요. 내음성이 있지만, 어두운 곳에 오래 두면 잎이 약해집니다. 밝은 곳에서 관리해야 좋습니다.

Rubiaceae

꼭두서닛과

꼭두서닛과 식물은 예부터 정원수로 친숙합니다. 익소라 키넨시스, 치자나무 등 꽃이 피는 관상목으로 인기가 좋지요. 관엽식물로는 커피나무가 대표 종입니다. 윤기 있는 잎에, 하얀 꽃이 핍니다. 실내용 관엽식물로 사랑받고 있습니다. 꽃이 진 후에는 열매도 맺습니다..

POINT 1

반들반들한 잎

커피나무의 잎은 생기가 넘치고 윤기가 난다. 연두색 올라오는 새순도 사랑스럽다.

POINT 2

꽃이 핀다

나무의 키가 1m를 넘으면 예쁘장한 하얀 꽃이 핀다. 꽃은 2~3일 안에 지기 때문에 절대 놓치지 말 것!

POINT 3

커피콩의 수확까지

나무가 성숙하면 꽃이 핀 후에 열매를 많이 맺는다. 소중히 키워서 나누어 볶고 갈아 보자.

커피나무

Rubiaceae

크게 키우면 꽃과 열매를 즐길 수 있다

윤기가 있고, 약간 울룩불룩한 초록색 잎이 아름다운 인기 식물입니다. 새순이 나는 시기에는 새순의 연두색과 오래된 잎의 초록색 대비가 아름답습니다. 키가 1m가 넘으면 향이 좋은 하얀 꽃이 피고 붉은 열매를 맺습니다. 이 열매 안에 있는 씨가 커피콩입니다.

원산지	열대 아프리카
크기	테이블~XL
최저온도	기본 (10℃까지)
햇빛	밝은 곳
난이도	보통
꽃말	함께 쉬어요
반려동물·아기	○ 해 없음

관리 POINT

한여름의 직사광선과 물 부족, 한겨울의 추위를 피해야 합니다. 여름은 생장기라 물을 무척 많이 빨아들이므로 신경 써서 물을 주어야 합니다. 겨울 추위에 특히 약해 단 10분만 실외에 내놓아도 잎이 떨어지기도 하므로 주의하세요.

Urticaceae

쐐기풀과

쐐기풀과는 풀처럼 부드러운 잎을 가진 식물들입니다. 큰 식물 밑이나 계곡처럼 습도가 높은 반그늘을 좋아합니다. 그러므로 관엽식물로 사랑받는 쐐기풀과 식물도 내음성이 높고 습기를 좋아합니다. 쐐기풀과 대표적인 관엽식물은 둥글고 귀여운 잎을 가진 필레아로 다양한 품종으로도 인기가 높습니다.

POINT 1

동그란 잎

필레아의 특징은 뭐니 뭐니 해도 작고 동그란 잎이다. 사랑스러운 모습을 보여준다.

POINT 2

풍성한 부피감

생장기에 확실하게 크기 때문에 자라면서 풍성해지는 모습을 보는 재미가 있다.

POINT 3

꽃이 핀다

여름철에 화려하지 않지만 귀여운 연분홍색, 크림색의 작은 꽃이 핀다.

필레아 페페로미오이데스

동글동글한 잎이 매력

두툼하고 둥근 잎이 특징입니다. 자라면서 굵은 줄기가 목질화되어 곧게 서고 아래에서 새순이 많이 돋아납니다. 잎의 모양 때문에 팬케이크로 비유되는 독특한 식물입니다. 내음성이 있고, 장가만 아니면 어떤 장소에서든 잘 자랍니다.

관리 POINT

레이스 커튼 너머의 은은한 햇살~밝은 그늘을 선호합니다. 직사광선이나 한여름의 남쪽 창은 싫어하므로 창가보다는 실내 안쪽에서 관리하는 편이 좋겠습니다. 여름은 더운 실내에서 공기가 정체되면 식물이 더위를 먹어 잎이 까맣게 되면서 떨어지므로 통풍이 잘되도록 관리합니다.

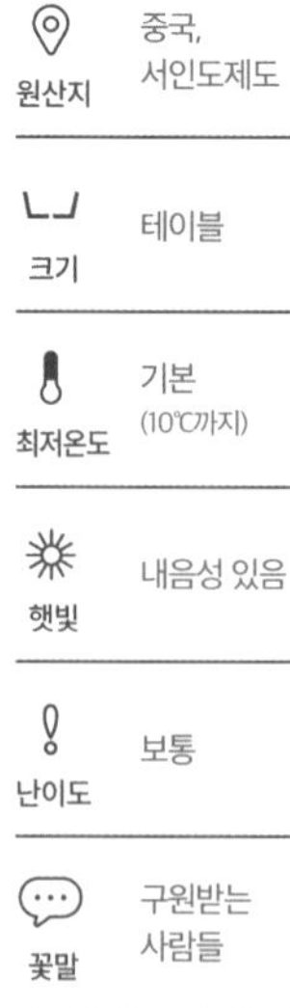

원산지	중국, 서인도제도
크기	테이블
최저온도	기본 (10℃까지)
햇빛	내음성 있음
난이도	보통
꽃말	구원받는 사람들
빈려동물·아기	○ 해 없음

Polypodiaceae

고란초과

많은 양치식물이 이 과에 들어갑니다. 잎 뒷면에 작은 홀씨주머니(홀씨를 만드는 기관)가 별처럼 늘어서 있습니다. 자생지에서는 뿌리와 줄기가 포복하듯이 뻗어나가며 수목이나 바위에 붙어 자랍니다. 습기가 많은 반그늘을 좋아하기 때문에 실내에서 기르기 쉬워 예전부터 인기가 있는 식물입니다. 인기 있는 박쥐란도 이 과에 속합니다.

POINT 1

독특한 모양

해초처럼 하늘하늘 자라는 잎의 모양이 독특하다. 예술 작품 같은 모습이 매력 있다.

POINT 2

빛바랜 느낌의 잎

양치식물은 파랑과 은색을 띠는 잎이 많다. 빛바랜 느낌이 멋스럽다.

POINT 3

무척 잘 자란다

양치식물은 물이 부족하지 않고 바람이 잘 통하면 크게 자란다. 돌봄이 즐거운 품종의 하나다.

Polypodiaceae

박쥐란

사슴의 뿔처럼 생긴 독특한 양치식물

사슴뿔처럼 생긴 잎이 특징인 양치식물입니다. 밑동에 넓게 붙어 갈색이 되는 저수엽과 벨벳 같은 촉감의 포자엽이 펼쳐집니다. 세련된 식물 인테리어로 애호가가 많은 식물입니다.

원산지	오스트레일리아
크기	테이블~M, 판부작
최저온도	기본 (10℃까지)
햇빛	보통
난이도	보통
꽃말	신뢰, 협동, 마법
반려동물·아기	○ 해 없음

관리 POINT

연중 통풍이 잘되는 곳에서 관리합니다. 물은 잘 마른 후에 주어야 좋아하므로 흙이나 수태가 마르면 듬뿍 줍니다. 판부작으로 만들어 놓았다면 수태가 물을 흡수해 무거워지는지 확인하세요. 해가 너무 내리쬐거나, 너무 어두운 곳은 피해서 키워주세요.

Arecaceae

야자과

야자과는 열대~아열대 지역이 원생지이고, 전 세계에 걸쳐 많은 품종이 자생합니다. 잎이 분수처럼 펼쳐져 독특한 존재감을 자랑하지요. 품종별로 잎의 크기와 폭, 색감이 다릅니다. 크기도 테이블 사이즈에서 특대 사이즈까지 폭넓고 비교적 기르기 쉬운 편입니다.

POINT 1

리조트 분위기로

큰 식물이 하나 있기만 해도 강렬한 인테리어가 된다. 리조트 느낌의 디자인이 인기다.

POINT 2

물을 자주 준다

야자나무는 수분 흡수가 빨라 물을 자주 주어야 한다. 흙이 마르는 상태를 세심하게 확인해야 한다.

POINT 3

작은 사이즈도 있다

테이블 사이즈에서 무릎 높이 정도의 크기도 있다. 큰 사이즈가 아니라도 야자나무 느낌이 물씬 난다.

테이블 야자

기르기 쉬운 소형에서 대형까지 다양한 크기

테이블 야자는 기르기 쉬운 야자나무의 대표 품종으로 오래전부터 사랑받아 온 관엽식물입니다. 윤기 있는 짙은 초록색과 산뜻하고 섬세한 잎이 특징입니다. 어떤 인테리어에도 잘 어울립니다. 크기도 테이블 위에 상식할 정도의 크기부터 바닥에 놓을 대형까지 선택의 폭이 넓습니다.

관리 POINT

내음성이 높아 어느 정도의 빛이 들면 자리지만, 너무 어두우면 잎의 색이 연해지기 때문에 환한 장소에서 관리하는 편이 좋습니다. 형광등이 켜져 있는 실내라면 안심입니다. 건조하면 잎끝이 갈색으로 시들므로 그 부분은 잘라주세요. 새순은 잎의 안쪽에서 나옵니다.

원산지	멕시코, 중남미
크기	테이블 ~ XL
최저온도	기본 (10℃까지)
햇빛	내음성 있음
난이도	쉬움
꽃말	당신을 지켜줄게요
반려동물 · 아기	○ 해 없음

켄차 야자

관리 POINT

내음성이 꽤 높아 햇빛이 너무 강한 장소에서는 잎 뎀 현상이 생깁니다. 가능하면 창가에서 조금 떨어진 곳에서 관리하면 좋겠지요. 나무의 기운이 나오기 시작하면 오래된 큰 잎이 바깥쪽으로 퍼지므로 봄에서 가을 사이에, 밑동에서 잘라내어 수형을 정돈합니다.

내음성이 높아 너무 밝은 장소는 좋아하지 않아요

짙은 초록색 잎이 특징입니다. 한 그루만으로도 강한 인상을 주는 모습은 공간의 주인공이 되기에도 적합합니다. 야자나무 중에서는 수분 저장도 잘하고 기르기 쉬워 좋습니다. 내음성이 높아서 빛 조절이 어렵다는 점은 있지만, 야자를 키워보고 싶다는 분께 최적입니다.

원산지	오스트레일리아
크기	테이블 ~ XL
최저온도	기본 (10℃까지)
햇빛	내음성 있음
난이도	보통
꽃말	승리
반려동물·아기	○ 해 없음

3

Arecaceae

피닉스 야자

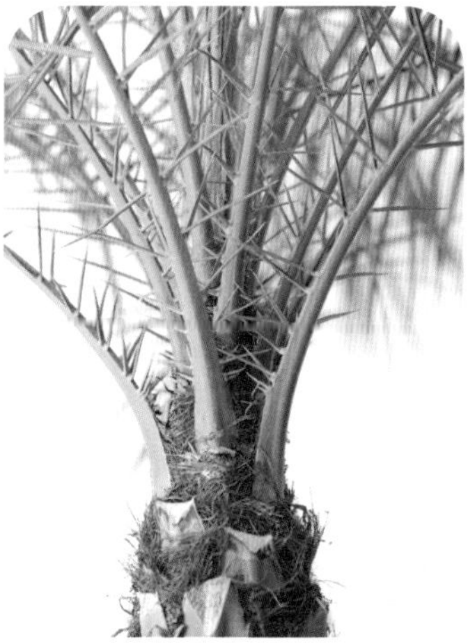

여름 분위기 만점인 인기 야자

남국의 정취가 물씬 풍기는 겉모습과 윤기 나는 잎이 특징입니다. 굵은 줄기는 거친 질감으로 자연 그대로를 느낌을 주며 잎은 우산처럼 활짝 펼쳐집니다. 잎을 잘라 꽃다발이나 화환에도 활용합니다. 발코니나 실내에 두면 순식간에 남국의 분위기를 만들어 줍니다.

원산지	동남아시아
크기	M~XL
최저온도	강함 (5℃까지)
햇빛	밝은 곳
난이도	보통
꽃말	생동감
반려동물·아기	○ 해 없음

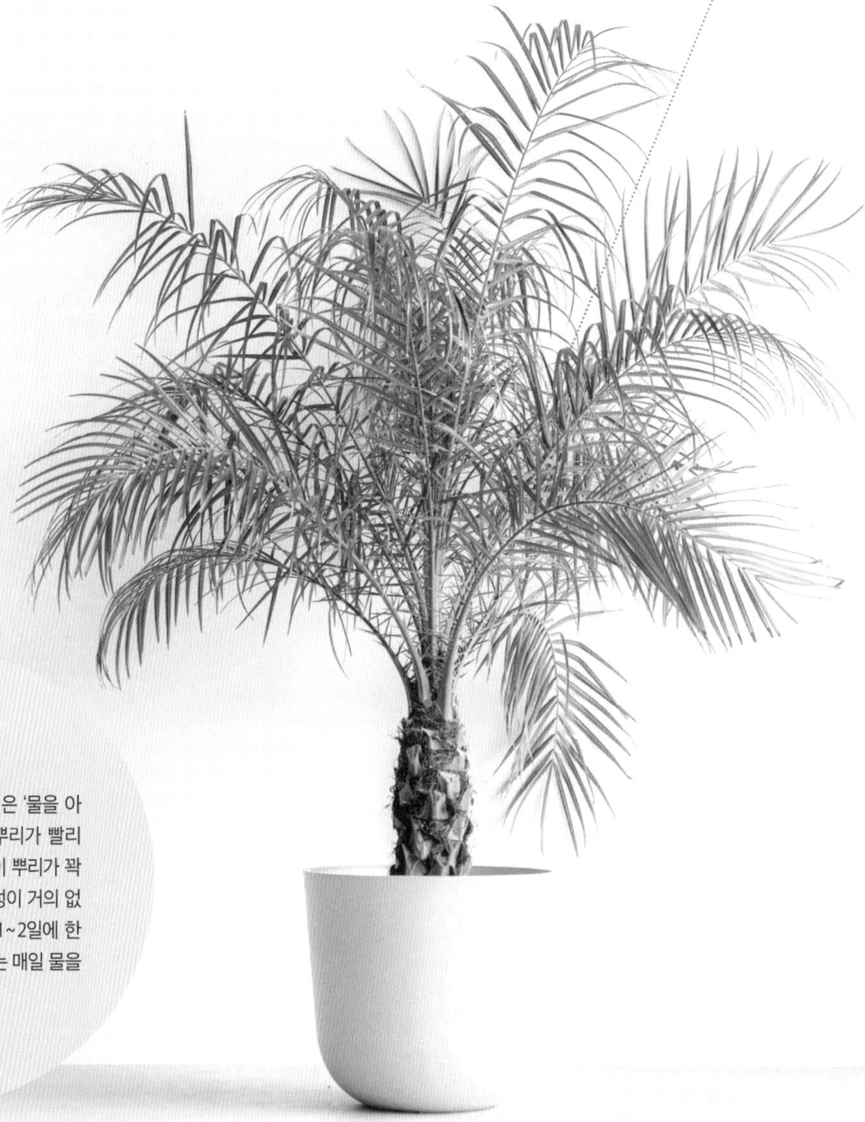

관리 POINT

피닉스 야자의 가장 큰 특징은 '물을 아주 좋아한다'는 점입니다. 뿌리가 빨리 자라 유통되는 나무 대부분이 뿌리가 꽉꽉 들어찬 상태이므로 보수성이 거의 없습니다. 여름철 실내에서는 1~2일에 한 번, 야외에서 관리하는 경우는 매일 물을 주세요.

코코넛 야자

관리 POINT

코코넛 야자는 추위, 어둠에 매우 약합니다. 직사광선이 닿지 않는 밝은 창가에 두고, 겨울에는 창에서 들어오는 한기가 닿지 않게 방 안쪽으로 이동시켜, 최대한 따뜻하게 관리합니다. 한기가 닿으면 잎이 시들어 버립니다. 겨울에는 잎의 온도가 낮아지는 분무는 피하세요.

씨에서 잎이 나온 특이한 모습으로 판매

코코넛 야자는 야자의 씨에서 뿌리와 잎이 자라 화분에 심어진 독특한 모습으로 유통되는 경우가 많습니다. 어릴 때는 잎이 붙어 있어 폭넓은 한 장의 잎으로 보이지만, 커가면서 잎이 갈라져 가늘고 섬세한 모양으로 바뀝니다.

원산지	열대 아시아 등
크기	S~XL
최저온도	기본 (10℃까지)
햇빛	보통
난이도	보통
꽃말	뜻밖의 선물, 굳은 결의
반려동물·아기	○ 해 없음

운남종려죽

섬세한 잎이 펼쳐져 현대적인 분위기

종려죽보다 가늘고 섬세한 잎을 가진 유통량이 적은 품종입니다. 종려죽은 전통적인 느낌이지만, 운남종려죽은 세련되고 현대적인 분위기를 지녔습니다. 튼튼하고 기르기 쉽고, 내한성, 내음성도 높아 장소를 가리지 않습니다.

관리 POINT

추위, 어둠에 강하므로 직사광선을 피한 장소에서 관리합니다. 물은 흙의 표면이 마르면 줍니다. 특히 여름에는 물 부족에 주의합니다. 물이 부족하면 잎의 수분이 빠져 잎이 시들어버립니다. 또 건조하면 잎끝이 갈색으로 변하는데 그럴 때는 끝을 비스듬히 잘라주세요.

원산지: 중국 남부

크기: L ~ XL

최저온도: 강함 (0℃까지)

햇빛: 내음성 있음

난이도: 쉬움

꽃말: 사려 깊음, 성공

반려동물 · 아기: ○ 해 없음

금속 야자

6

Arecaceae

금속 느낌으로 빛나는 잎이 시원시원하고 매력적

추위와 어둠에 강한 희귀 품종입니다. 잎은 잎끝이 갈라져 있고 은빛이 도는 초록색을 띱니다. 크기가 작고 촘촘해서 폭이 너무 크거나 과하게 자라지 않아서 놓을 자리에 구애받지 않습니다.

원산지	멕시코
크기	테이블 ~ S
최저온도	강함 (0℃까지)
햇빛	내음성 있음
난이도	쉬움
꽃말	당신을 지켜줄게요
반려동물 · 아기	○ 해 없음

관리 POINT

내음성이 강하고 기르기 쉽습니다. 레이스 커튼으로 차광한 정도의 밝은 환경이면 잎의 색도 깨끗하게 유지되고 나무도 건강하게 자랍니다. 겨드랑눈이나 어린 포기가 발생하지 않는 외줄기 식물이므로 가지치기로 줄기를 자르지 않도록 주의해주세요. 물은 화분 속까지 마르고 나서 듬뿍 줍니다.

Zamiaceae

자미아과

단단하고 굵은 줄기와 잎을 가진 겉씨식물입니다. 강건한 성질로 기르기 쉽습니다. 밝고 따뜻한 환경에서 자라며 배수가 잘되는 흙을 좋아합니다. 자미아과는 관엽식물로 유통되지만, 야외에서 자라는 품종이 많습니다. 일조가 강해야 튼튼하고 건강한 나무가 되기 때문에 실내에서 기를 때는 최대한 밝은 장소에서 관리합니다.

POINT 1

건조한 환경을 선호한다

건조한 흙을 좋아하므로 조금 마른 느낌으로 관리한다. 겨울철에는 조금 더 물을 줄인다.

POINT 2

밝고 따뜻한 곳을 무척 좋아한다

무조건 밝은 곳에서 관리한다. 너무 어두우면 웃자라고 잎이 늘어져 볼품이 없어진다.

POINT 3

화분 선택에 심혈을 기울인다

세련된 모습이 돋보이도록, 화분도 신경 써서 멋진 제품으로 골라본다.

자미아 푸밀라

1

Zamiaceae

다 자라면 줄기가 비대해져 좀 더 야성적인 모습으로 변신

자미아 푸밀라는 '멕시코 소철'이라고도 합니다. 소철을 서양식으로 만든 듯한 모습입니다. 소철은 잎에 가시가 있어 만지면 아프지만, 자미아 푸밀라는 잎이 부드럽고 오렌지색 솜털이 나 있어 만져도 아프지는 않습니다. 크게 자라면 줄기도 굵어져 좀 더 거친 느낌으로 변합니다.

원산지	멕시코
크기	테이블 ~ XL
최저온도	기본 (10℃까지)
햇빛	밝은 곳
난이도	쉬움
꽃말	용감
반려동물·아기	○ 해 없음

관리 POINT

밝고 따뜻한 곳을 선호합니다. 밝은 곳에서 관리하면 잎 간격이 띄엄띄엄 벌어지지 않고, 옹골지고 굵직하게 자랍니다. 여름철 직사광선에 잎 뎀 현상이 생기기도 하므로 주의하세요. 건조한 상태를 좋아하므로 물은 약간 건조함을 유지할 정도로 주면 됩니다. 흙이 완전히 마르고 나면 주세요.

Piperaceae

후춧과

후춧과는 별로 들어본 적이 없겠지만, 후춧과에 속하는 페페로미아가 기르기 쉬운 관엽식물로 오랫동안 인기가 높았습니다. 페페로미아의 특징은 다육질의 통통한 잎입니다. 동그란 모양이 많고, 잎의 모양과 색은 다양합니다. 테이블 사이즈가 많아 처음 시작하는 화분으로 제격입니다.

POINT 1

쉬운 물주기

건조한 상태를 좋아하므로 흙이 완전히 마른 후에 물을 주면 좋다. 손이 안 가서 편하다.

POINT 2

좋아하는 모양은?

페페로미아는 품종이 풍부하다. 몇 가지 품종을 비교해보고 마음에 드는 식물을 골라보자.

POINT 3

공중 걸이 식물로 즐기기

아래로 늘어지며 자라는 품종은 공중에 걸어두고 본다. 물을 자주 주지 않아도 되므로 걸이 식물로 적합하다.

페페로미아 푸테올라타

1

Piperaceae

관리 POINT

직사광선이 닿지 않는 밝은 곳을 좋아합니다. 내음성은 있지만, 너무 어두우면 잎이 약해지므로 조심하세요. 겨울에는 따뜻한 곳에서 관리하세요. 약간 건조한 환경을 좋아하므로 물을 너무 많이 주지 않도록 주의하세요. 손으로 흙을 만져 잘 말라 있는지 확인해야 합니다.

페페로미아 중에서도 기르기 쉬운 인기 종

페페로미아는 전 세계에 100종 이상이나 되는 품종이 있고, 잎의 형태나 무늬가 무척 다양합니다. 소형 종류가 많으며 기르기 쉬워 관엽식물로 인기가 있습니다. 푸테올라타는 단단하고 두툼한 줄무늬 잎과 빨간 줄기가 특징입니다.

원산지	열대, 아열대 지역
크기	테이블 ~ M
최저온도	기본 (10℃까지)
햇빛	보통
난이도	쉬움
꽃말	아름다움, 귀여움, 짝사랑
반려동물·아기	○ 해 없음

페페로미아 산데르시

수박 줄무늬 잎이 특징

잎의 무늬 때문에 '수박 페페로미아'라는 애칭으로 친숙한 페페로미아입니다. 수박 과육 색과 같은 빨간 줄기도 매력적이지요. 푸테올라타와 마찬가지로 인기 있는 품종으로 봄에서 가을까지는 테이블 사이즈의 산데르시가 매장에 많이 나옵니다.

관리 POINT

페페로미아 관리 방법의 기본인 '직사광선이 닿지 않는 밝은 곳에서 약간 건조하게 키운다'를 염두에 두고 특히, 겨울에 냉기에 닿지 않도록 주의하며 관리합니다. 다른 품종에 비해 추위로 인한 손상이 더 잘 생기므로 겨울에는 흙을 잘 말리고 나서 상온의 물을 주어야 합니다.

원산지	열대, 아열대 지역
크기	테이블 ~ M
최저온도	기본 (10℃까지)
햇빛	보통
난이도	보통
꽃말	아름다움, 귀여움, 짝사랑
반려동물·아기	○ 해 없음

페페로미아 젤리

분홍색 테두리에 크림색이 들어간 밝은 잎

페페로미아 젤리의 잎은 부드러운 색조의 초록색과 크림색이 어우러져 있고, 가장자리는 진분홍색을 띠며 잎은 두툼합니다. 줄기에는 빨간색이 들어가 산뜻한 색의 조합과 사랑스러운 분위기를 즐길 수 있습니다. 대부분 작은 사이즈로 유통됩니다.

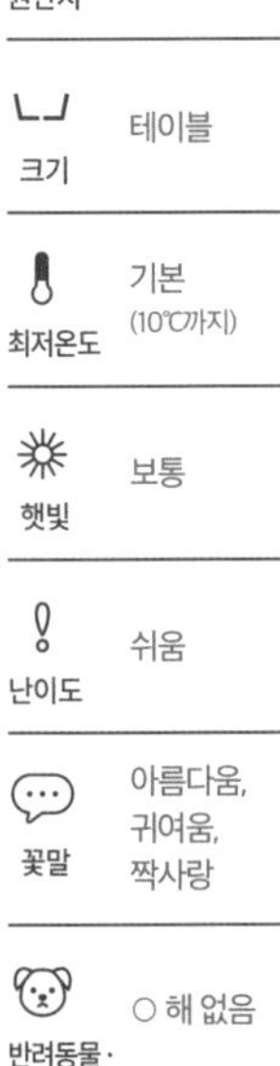

관리 POINT

흰색 잎을 가진 품종은 밝은 장소에서 관리하지 않으면 잎의 생기가 없어지거나 거무스름해집니다. 직사광선은 싫어하지만, 최대한 밝은 곳에서 관리해야 건강하게 자랍니다. 초봄부터는 비료도 주세요. 잎의 색깔 대비가 더 예뻐집니다.

COLUMN

잘라낸 잎으로 수경재배를 해보자!

열심히 잘 키운 관엽식물의 가지와 잎을 잘라서 그대로 버리기가 아깝게 느껴지는 분도 많으시지요. 그럴 때는 수경재배로 색다르게 키워보기를 추천합니다. 관엽식물 중에는 잘라낸 가지나 잎을 물에 꽂아 두면 뿌리가 나와 수경재배로 기를 수 있는 품종이 많습니다.

수경재배 방법은 크게 두 가지 '물꽂이'와 '하이드로 컬쳐의 무기물에 심기'로 나눕니다.

물꽂이는 가지치기를 하고 나서 유리병에 물을 채우고 잘라낸 가지와 잎을 물에 꽂는 것입니다. 며칠에 한 번 물을 바꾸어 주면서 기릅니다. 그대로 물에 꽂아 키워도 되고, 뿌리가 나오면 하이드로볼에 옮겨 심어도 좋습니다. 액체 비료를 주면서 기르면 흙에서 재배할 때와 똑같이 건강하게 자랍니다.

기억해두어야 할 것은 수경재배를 하면 흙에서 재배할 때와 뿌리의 작용 원리가 달라진다는 점입니다. 그 원리를 잘 이해하면 수경재배로 이행한 다음의 관리가 더 쉬워지겠지요.

우선 화분에서 기르는 식물의 뿌리는 흙을 통해 물이나 영양을 흡수합니다. 뿌리가 직접 수분을 흡수하지 못하기 때문에 뿌리 주위의 흙이 안정되어 있지 않으면 물과 영양을 흡수하지 못하고 시들어 버립니다. 반면 수경재배에서 가지와 잎을 자른 다음 물에 담갔을 때 나온 뿌리는 자연계에서 어떤 문제가 생겨 식물 주위에 흙이 없어진 긴급사태일 때 나오는 뿌리입니다. 이 뿌리는 흙 속에서 나는 뿌리와는 다르게, 비나 고여 있는 물을 직접 빨아들이는 성질을 가집니다. 즉 흙을 통하지 않고도 뿌리가 직접 물과 영양분을 흡수한다는 말입니다. 이 긴급 생명 유지 시스템의 뿌리를 이용한 것이 수경재배입니다.

그러므로 원래 흙에 심어졌던 식물을 흙에서 꺼내어 수경재배로 하려는 상황이라면, 수경재배에 적당한 뿌리가 나오지 않았기 때문에 처음 한동안 적합한 뿌리가 나올 때까지는 물이 제대로 흡수되지 않고 잎이 떨어져 버립니다. 차차 수경재배용 뿌리가 자라면 제대로 물을 흡수하게 되어 상태가 안정됩니다.

벌레 때문에 관엽식물을 무기물 소재에 옮겨 심고 수경재배로 기르려고 하는 경우라면 미리 가지와 잎을 솎아내면 좋습니다. 하이드로 컬쳐의 무기물로 뿌리를 지탱하고 기르는 수경재배도 흙에서 재배할 때 물주기와 비슷하게 건조한 상태와 수분을 잘 조절하며 줍니다. 소재에 물기가 없어지면 새로운 물을 추가합니다.

간단하게 해볼 수 있는 수경재배를 꼭 여러분의 관엽식물로도 시도해보시기를 바랍니다.

Strelitziaceae

극락조화과

넓고 커다란 잎이 부채처럼 펼쳐진 수형이 특징입니다. 크게 자라면 새 머리 모양의 멋진 꽃도 피웁니다. 레기니아의 꽃은 꽃다발이나 화환에도 사용하며, 큰극락조화의 꽃은 말려서 유통하기도 합니다. 여인초는 꽃과 열매의 파란색이 독보적입니다. 잎, 꽃, 열매 모두 즐길 수 있어 관엽식물로 무척 인기가 좋습니다.

POINT 1

기운 좋게 펼쳐진다

커다란 잎이 좌우로 펼쳐지는 역동적인 수형이다. 인테리어로도 존재감이 도드라진다.

POINT 2

물은 적게 준다

두꺼운 줄기와 뿌리를 가져 건조한 환경에 강하다. 뿌리가 썩지 않게 하려면 스파르타식으로 물을 준다.

POINT 3

꽃을 피우고 싶다!

레기니아는 비교적 꽃이 잘 핀다. 밝고 따뜻한 곳에서 관리하면 개화가 쉽다.

큰극락조화

부채꼴로 크게 펼쳐진 생기 있는 잎이 매력

윤기 넘치는 커다란 잎이 아름답습니다. 자생지에서 크게 자란 나무는 새가 날개를 퍼덕이는 모습의 크고 하얀 꽃을 피워 '천국의 흰 새'라고 불리며 사랑받고 있습니다. 잎은 자라면서 갈라지는데, 바람이 불 때 잘 통과가게 해서 쓰러지지 않으려는 진화의 결과입니다.

관리 POINT

물을 오래 잘 보유하기 때문에 흙이 바싹 마른 후에 물을 줍니다. 내음성이 있지만 너무 어두운 장소에 두면 잎이 가늘어지고 축 늘어지기 때문에 밝은 곳에서 관리하면 좋습니다. 크게 벌어진, 오래된 잎은 봄에서 가을 사이에, 밑동에서 잘라 수형을 다듬어 주세요.

원산지	마다가스카르, 남아프리카
크기	테이블~XL
최저온도	기본 (10℃까지)
햇빛	보통
난이도	쉬움
꽃말	빛나는 미래, 따뜻한 마음
반려동물·아기	× 독성 있음

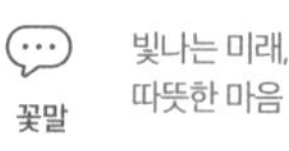

극락조화 레기니아

실버 블루 잎의 빛바랜 느낌이 멋스럽다

레기니아는 큰극락조화보다 잎이 단단하고 폭이 좁으며 가운데에 분홍색 잎맥이 있습니다. 건조한 환경이나 추위에 강하여 기르기 쉬운 극락조화 대표 품종입니다. 새가 날개를 퍼덕이는 듯한 모양의 주황색 꽃을 피워 '극락조화'라는 이름으로 불립니다. 꽃다발이나 화환에도 사용됩니다.

원산지	남아프리카
크기	테이블~XL
최저온도	기본 (10℃까지)
햇빛	내음성 있음
난이도	쉬움
꽃말	관용, 빛나는 미래
반려동물·아기	× 독성 있음

관리 POINT

더위, 추위, 건조에 강하여 기르기 쉬운 품종입니다. 큰극락조화와 마찬가지로 흙을 잘 말리고 나서 물을 줍니다. 꽃을 피우고 싶을 때는 밝고 따뜻한 곳에서 관리해야 합니다. 꽃이 피면 체력이 많이 소진되므로 1, 2주 정도 지나면 꽃을 따 줍니다. 마른 잎과 오래된 잎은 밑동에서 잘라냅니다.

극락조화 논리프

예술 작품 같은 우아한 자태

극락조화 논리프는 좁은잎극락조화 품종의 하나로, 잎이 가늘고 많지 않은 품종입니다. 광합성은 줄기 부분에서만 하므로 생육은 느립니다. 원생지가 다른 극락조화보다 건조한 지역이므로 건조에 더욱 강합니다.

관리 POINT

내음성도 강하지만 어두운 곳에 너무 오래 두면 연약해지고 잎이 꺾여 버립니다. 밝고 따뜻한 곳에 두고 키워야 건강하게 자랍니다. 뿌리가 화분에 꽉 차기 쉬우므로 정기적으로 분갈이를 하고 너무 벌어진 잎은 뿌리 부분에서 잘라냅니다.

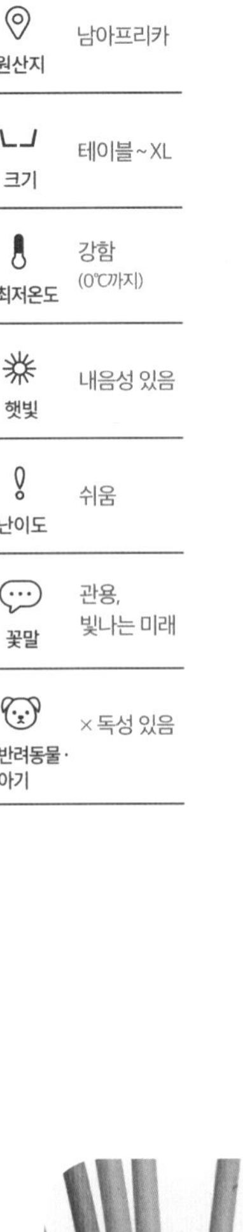

원산지	남아프리카
크기	테이블~XL
최저온도	강함 (0℃까지)
햇빛	내음성 있음
난이도	쉬움
꽃말	관용, 빛나는 미래
반려동물·아기	× 독성 있음

Gesneriaceae

게스네리아과

게스네리아과의 식물은 산야초의 대표 품종입니다. 축축한 절벽이나 바위에 자라는 여러해살이풀입니다. 관엽식물로 유통되는 품종은 열대 아시아가 원산지인 착생* 타입의 에스키난서스입니다. 꽃은 크고 아름다우며 비교적 잘 피는 편이라 초보자도 쉽게 즐길 수 있습니다.

* 바위나 나무에 붙어 사는 식물

POINT 1

꽃이 핀다

립스틱 모양을 닮은 산뜻한 꽃이 핀다. 밝고 따뜻한 곳에서 관리한다.

POINT 2

공중 걸이 식물로 좋다

잎이 아래로 늘어지며 풍성하게 자라기 때문에 공중 걸이 식물로 권장한다.

POINT 3

건조에 강하다

건조한 환경에 강하고 수분 저장성이 좋다. 물 주는 데 손이 덜 가므로 공중 걸이로 장식해도 관리가 쉽다.

에스키난서스 라디칸스

두툼한 둥근 잎에 빨간 꽃이 핀다

에스키난서스는 볼록하고 두툼한 잎이 늘어지며 자랍니다. 잎에 수분을 저장하므로 건조한 환경에 강하고 기르기 쉬워 공중 걸이 식물로 추천합니다. 밝고 따뜻한 곳에서 기르면 튤립 모양의 빨간 꽃을 보여줍니다.

관리 POINT

건조한 환경을 좋아합니다. 흙은 마른 느낌으로 관리하고 물을 줄 때는 듬뿍 줍니다. 화분의 흙이 너무 건조하면 오히려 물을 흡수하기 어려워지므로 화분이 확실히 묵직해지는지 확인해봅시다. 비교적 내음성도 있고 그늘에서도 자라지만, 꽃을 피우고 싶으면 밝고 따뜻한 곳에서 관리합니다.

원산지	동남아시아
크기	테이블~M
최저온도	기본 (10℃까지)
햇빛	보통
난이도	쉬움
꽃말	위대, 불타는 마음, 따뜻한 마음, 시들지 않는 사랑
반려동물·아기	○ 해 없음

에스키난서스 볼레로

관리 POINT

라디칸스와 마찬가지로 건조하게 관리합니다. 볼레로는 잎이 얇고 작기 때문에 일조가 너무 강하면 잎이 타버립니다. 여름에 창가에서 관리할 때는 레이스 커튼으로 차광한 정도의 빛을 활용하든지 방 안쪽으로 이동하세요. 꽃이 다 피면 따 주세요.

연두색의 가는 잎에 빨간 꽃이 핀다

볼레로의 특징은 가늘고 길며 섬세한 잎입니다. 잎은 광택이 없고 색감이 옅어 섬세하고 부드러운 인상을 풍깁니다. 수북하게 부피감을 늘리면서 생장합니다. 꽃은 크고 빨간색으로 잘 피는 편입니다.

원산지	동남아시아
크기	테이블~M
최저온도	기본 (10℃까지)
햇빛	보통
난이도	쉬움
꽃말	위대, 불타는 마음, 따뜻한 마음, 시들지 않는 사랑
반려동물·아기	○ 해 없음

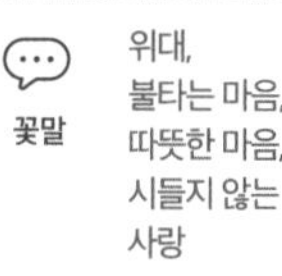

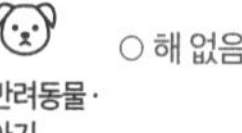

Cactaceae

선인장과

아메리카 대륙이 원산지인 다육식물로, 가시가 나 있는 부분에 하얗고 보송한 가시 자리가 있다는 점이 선인장과의 특징입니다. 가시는 퇴화한 것도 있습니다. 기둥 모양, 구 모양, 끈 모양 등 품종별로 개성적인 외관이 재미있습니다. 화분에서 길러도 꽃이 피는 품종이 많아 기르는 보람이 있습니다.

POINT 1

꽃이 핀다

품종에 따라 크기는 다르지만, 멋진 꽃이 핀다. 개화 시간이 짧으므로 놓치지 말 것!

POINT 2

밝고 따뜻한 곳을 좋아한다

선인장은 밝고 따뜻한 환경에서 잘 자란다. 어두운 곳에서는 비실비실 약해진다.

POINT 3

물은 마르고 난 후 준다

건조한 환경을 좋아하므로 흙을 잘 말리고 나서 물을 주어야 한다. 계절 상관없이 잘 마른 후에 물을 준다.

립살리스 카스타

줄기가 가늘고 섬세하며 풍성하다

립살리스는 숲속에서 나무에 붙어 자라는 다육식물로, 그 모양 때문에 끈 선인장이라고 부릅니다. 늘어진 잎 같은 부분은 줄기가 변형된 잎모양줄기입니다. 건조한 환경에 강하여 기르기 쉬우므로 공중 걸이 식물 초보자에게 추천합니다. 꽃의 색깔은 흰색입니다.

원산지	열대 아메리카
크기	테이블~M
최저온도	기본 (10℃까지)
햇빛	보통
난이도	쉬움
꽃말	위대, 불타는 마음, 따뜻한 마음, 시들지 않는 사랑
반려동물·아기	○ 해 없음

관리 POINT

건조한 환경에 강하고 내음성이 있어 해가 약하게 드는 정도의 밝기에서도 자라지만, 정기적으로 밝은 곳에서 일광욕을 해주면 건강하게 자라서 꽃도 잘 핍니다. 카스타는 물이 너무 부족하면 잎이 가늘어지고 다시 원래대로 돌아가지 않으므로 여름에는 물이 부족하지 않도록 주의하세요.

립살리스 미크란타

옆으로 퍼지면서 늘어지는 납작한 줄기

미크란타는 잎모양줄기가 약간 옆으로 퍼지면서 생장하다가 차차 아래로 늘어지게 됩니다. 부피감도 드러나 보기 좋습니다. 하얗고 작은 꽃이 피고, 꽃이 진 뒤에는 립살리스에서 흔히 보이는 둥근 모양의 반투명 열매를 맺습니다.

원산지	열대 아메리카
크기	테이블~M
최저온도	기본 (10℃까지)
햇빛	보통
난이도	쉬움
꽃말	위대, 불타는 마음, 따뜻한 마음, 시들지 않는 사랑
반려동물·아기	○ 해 없음

관리 POINT

다른 립살리스와 마찬가지로 밝은 곳에서 건조하게 관리합니다. 미크란타는 잎이 통통하며 길고 무거워 물이 너무 많으면 밑동 부분이 물러져 상해 버리고 잎의 무게때문에 잎이 잘리기도 합니다. 특히 여름철은 바람이 잘 통하도록 신경 써서 관리하세요.

립살리스 엘립티카

납작하고 폭이 넓은 줄기가 매력

엘립티카는 가늘고 긴 모양의 다른 립살리스와는 다르게 잎모양줄기의 폭이 넓다는 특징이 있습니다. 타원 모양이 물결치는 형태로 나란히 줄지어 자랍니다. 잎의 가장자리를 따라 많은 꽃봉오리가 달리고 하얀 꽃을 피웁니다.

원산지	열대 아메리카
크기	테이블~M
최저온도	기본 (10℃까지)
햇빛	보통
난이도	쉬움
꽃말	위대, 불타는 마음, 따뜻한 마음, 시들지 않는 사랑
반려동물·아기	○ 해 없음

관리 POINT

엘립티카는 꽃이 필 때가 되면 잎모양줄기의 프릴 모양 테두리를 따라 꽃봉오리가 많이 달립니다. 꽃이 무척 멋들어지게 피기 때문에 너무 그늘에 두지 말고 따뜻하고 밝은 곳에서 관리하기를 바랍니다. 일조가 강하면 잎의 색이 빨갛게 바뀌는 모습을 보여줍니다.

립살리스 라물로사

납작하고 커다란 줄기에 아름다운 붉은 잎

라물로사는 엘립티카와 마찬가지로 평평하며, 그다지 두껍지 않고 세로로 긴 모양입니다. 환경이나 온도 변화로 잎의 색이 달라지는데, 햇빛을 강하게 받으면 빨갛게 물듭니다. 초록색이 많아지면 일조량이 부족하다는 신호입니다.

원산지	열대 아메리카
크기	테이블~M
최저온도	기본 (10℃까지)
햇빛	보통
난이도	쉬움
꽃말	위대, 불타는 마음, 따뜻한 마음, 시들지 않는 사랑
반려동물·아기	○ 해 없음

관리 POINT

라물로사도 엘립티카처럼 밝은 장소에서 관리하면 아름다운 색깔의 잎, 꽃, 열매를 즐길 수 있습니다. 물을 자주 주지 않으면 잎의 두께가 얇아지고, 색도 빠집니다. 물을 줄 때는 흙이 물을 듬뿍 흡수해 화분이 무거워지는지를 확인해야 합니다.

에피필룸 앵굴리거

5

Cactaceae

관리 POINT

선인장의 한 종류지만, 햇빛이 너무 강하면 잎이 타버립니다. 레이스 커튼 너머로 부드러운 햇살이 들고 통풍이 잘되는 곳을 좋아합니다. 여름의 무더위에 약해, 온습도가 올라가면 잎이 거무스름해지고 떨어집니다. 여름철에는 창문을 열거나 서큘레이터로 공기를 통하게 해야 합니다.

인기 절정의 피시본 선인장

숲속에서 큰 나무에 붙어 자라는 선인장의 한 종류입니다. 가시는 없고 잎은 윤기가 있습니다. 건조한 환경에 강하여 기르기 쉬우므로 공중 걸이 식물 초보자에게 추천합니다. '피시본 선인장'이라는 별명처럼 독특한 모양이 재미있습니다.

원산지	멕시코
크기	테이블~M
최저온도	기본 (10℃까지)
햇빛	보통
난이도	쉬움
꽃말	행운을 잡다, 덧없는 아름다움
반려동물·아기	○ 해 없음

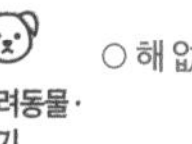

6

Cactaceae

기둥선인장

선인장이라면 바로 이 모양

독특한 인테리어로 활용할 수 있어 많은 사랑을 받는 품종입니다. 대형은 존재감이 뛰어나고 잘 기르면 꽃도 핍니다. 국내에서 유통되는 기둥선인장은 가시가 없는 귀면각이 많고, 가끔 가시가 조금 있는 귀면각도(사진) 있습니다. 건조한 환경에 강해 기르기 쉽습니다.

관리 POINT

밝고 따뜻한 곳에 두고 건조하게 기릅니다. 여름에는 흙이 완전히 마르면 물을 듬뿍 줍니다. 물이 부족하면 물렁물렁해지고 몸통이 얇아집니다. 쪼그라들기 시작하면 물을 주는 방법도 좋습니다. 겨울에는 밑동 쪽에 상온의 물을 살짝 뿌리는 정도로 줍니다.

원산지	아프리카, 남미
크기	S~XL
최저온도	기본 (10℃까지)
햇빛	밝은 곳
난이도	쉬움
꽃말	열정
반려동물·아기	○ 해 없음

Araceae

천남성과

스킨답서스와 안스리움, 몬스테라 등 기르기 쉬운 관엽식물의 대표 품종입니다. 뿌리와 줄기가 굵어 수분 유지가 좋고 관리하기 쉽습니다. 잎의 무늬, 형태나 크기는 다양하여 개성적입니다. 기르기 쉽고 보는 재미가 있어 관상식물로 오랜 기간 사랑받았습니다. 생육이 왕성한 수종도 많아 기르는 보람이 있습니다.

POINT 1

개성 있는 잎

색깔, 모양, 무늬, 크기가 다양하고 풍부하다. 개성적인 식물을 원하는 사람에게 안성맞춤이다.

POINT 2

겨울철 추위에 주의

추위에 다소 약한 품종이 많기 때문에 겨울철 관리는 밝고 따뜻한 곳에서 한다.

POINT 3

아름다운 포

물파초에서도 보이는 불염포라는 꽃 모양의 커다란 포가 아름답다.

Araceae

알로카시아 오도라

하트 모양의 잎과 굵은 뿌리줄기

토란과 비슷하지만, 잎과 줄기에 독이 있어 먹을 수 없습니다. 줄기가 굵어져 나무처럼 뻗은 뿌리줄기가 야생적인 모습입니다. 뿌리줄기에서 커다란 잎이 쭉 뻗은 모습이 세련되어 인테리어 식물로 인기가 좋습니다.

관리 POINT

알로카시아 오도라는 레이스 커튼으로 차광한 정도의 밝은 장소에서 관리합니다. 내음성이 있지만 너무 어두우면 약해지고 잎이 축 늘어집니다. 물을 자주 주면 물러지고 거무스름하게 됩니다. 건조한 상태를 유지하도록 신경 쓰고 물을 주기 전에 반드시 만져서 단단한지 확인해야 합니다.

원산지	중국, 대만, 동남아시아, 인도, 일본
크기	S~XL
최저온도	기본 (10℃까지)
햇빛	보통
난이도	쉬움
꽃말	다시 만난 인연, 화해
반려동물·아기	× 독성 있음

아글라오네마 마리아

개성 있는 위장 무늬

품종마다 잎의 무늬와 색깔이 달라 매력 있는 아글라네오마. 그중 마리아는 짙은 초록색 잎에 하얀 위장무늬가 들어간 품종으로 기르기가 쉬워서 인기가 좋습니다. 생육기에는 물파초같이 희고 예쁜 불염포를 볼 수 있습니다.

관리 POINT

추위에 약해 겨울에 너무 추운 곳에 두면 잎이 노랗게 되거나 뿌리 부분이 상해버립니다. 한기에 닿지 않도록 주의하세요. 오래된 잎은 대사 작용으로 노랗게 변해 떨어지려고 하지만 겨울에는 손을 대면 손상되기도 하므로, 그대로 두었다가 봄이 되면 제거합니다.

원산지	열대 아시아
크기	테이블 ~ M
최저온도	기본 (10℃까지)
햇빛	내음성 있음
난이도	보통
꽃말	청춘의 빛, 영리함
반려동물·아기	× 독성 있음

아글라오네마 스노우사파이어

이름처럼 아름다운 눈송이가 빛나는 듯한 무늬

아직 유통량이 그렇게 많지 않은 품종입니다. 눈처럼 하얗게 빛나는 무늬가 특징입니다. 생육기에는 하얀 꽃이 핍니다. 테이블 사이즈로 많이 유통되기 때문에 가구나 테이블 옆의 자투리 공간에 두어도 좋습니다.

관리 POINT

초록색 면적이 잎의 절반 정도이고, 나머지 절반은 하얗거나 노란 반점이 있습니다. 초록색이 적은 품종은 광합성이 잘되도록 밝은 장소에서 관리하면 건강하게 자랍니다. 레이스 커튼으로 차광한 정도의 밝은 곳에서 기르세요. 적절한 시기에 비료를 주면, 색이 더 선명해집니다.

원산지	열대 아시아
크기	테이블 ~ S
최저온도	기본 (10℃까지)
햇빛	보통
난이도	보통
꽃말	청춘의 빛, 영리함
반려동물·아기	× 독성 있음

아글라오네마 오스피셔스레드

개성적인 분홍색이 공간을 밝혀준다

분홍색 잎과 진한 초록색 테두리의 대비가 아름다운 관엽식물입니다. 다채로운 잎의 색과 무늬는 인테리어 식물로도 잘 어울립니다. 어린 순에서 커다란 잎으로 자라는 동안 잎의 색과 무늬가 조금씩 달라지면서 생장합니다.

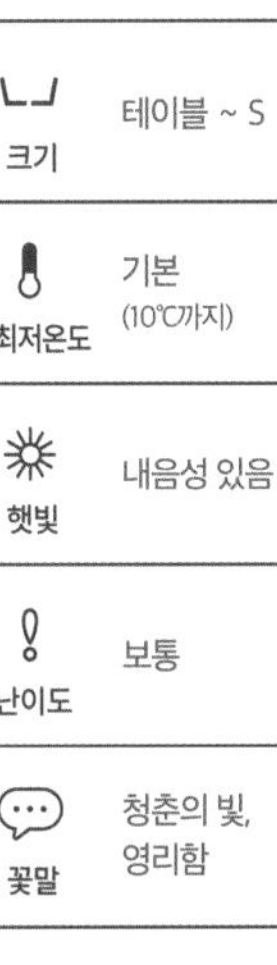

관리 POINT

스노우사파이어와 마찬가지로 너무 어두우면 잎의 상태가 나빠지므로 레이스 커튼으로 햇빛을 차광한 정도의 밝은 환경에서 기릅니다. 지나치게 밝으면 잎의 색이 연하게 바래 보이는 잎 뎀 현상이 생깁니다. 또 너무 어두우면 연약해지고 잎이 거무스름해집니다. 겨울에는 따뜻한 곳으로 이동해서 관리하세요.

몬스테라 아단소니

창문이 열려 있는 모습의 독특한 잎이 매력

잎에 창문처럼 구멍이 뚫린 신기한 반덩굴성 식물입니다. 이 개성적인 모습은 세련된 인테리어 식물로 인기가 높습니다. 옆으로 벌어지고 늘어지지만, 헤고 기둥을 이용하여 위쪽으로 뻗도록 하면 잎도 커지고 풍성하게 잘 자랍니다.

원산지	중앙아메리카
크기	테이블 ~ M
최저온도	기본 (10℃까지)
햇빛	내음성 있음
난이도	쉬움
꽃말	기쁜 소식, 장대한 계획, 깊은 관계
반려동물·아기	× 독성 있음

관리 POINT

추위에 약하므로 겨울에는 따뜻한 곳에서 관리합니다. 생육기인 여름에는 물이 부족하지 않도록 신경 써 주세요. 추위, 물 부족은 모두 잎이 누렇게 되고 얇아지는 증상이 생깁니다. 바람이 잘 통하면 생육이 좋아지고 단단하게 자랍니다. 특히 따뜻한 시기에는 바람이 잘 통하게 관리해주세요.

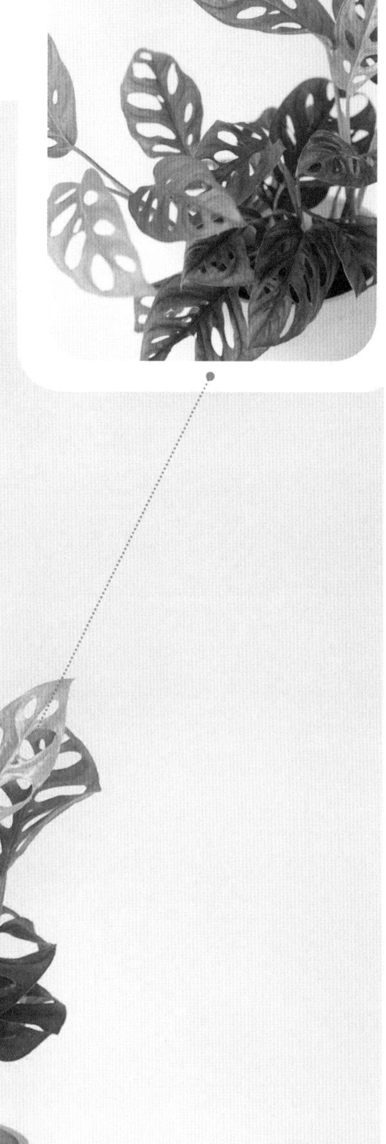

몬스테라

누구나 다 아는 관엽식물의 대표 품종

커다란 초록색의 윤기 있는 잎에 깊게 갈라진 잎이 인상적인 관엽식물입니다. 갈라진 홈은 잎이 자라면서 더 깊어지고 줄기 부분은 덩굴처럼 뻗어나갑니다. 생장에 따라 지주를 세워주거나 가지치기를 계속하면서 수형을 다듬으며 기릅니다.

원산지	열대 아메리카
크기	테이블 ~ XL
최저온도	기본 (10℃까지)
햇빛	내음성 있음
난이도	쉬움
꽃말	기쁜 소식, 장대한 계획, 깊은 관계
반려동물·아기	× 독성 있음

관리 POINT

직사광선이 닿지 않는 밝은 곳에서 바람을 잘 통하게 하여 기릅니다. 건조한 환경을 좋아하므로 물은 흙이 마르고 나면 주세요. 잎이 자라면 저절로 옆으로 벌어지면서 쓰러지므로 밑동 쪽에서 잘라내고 새로 나는 새순을 키워주세요. 정기적으로 분갈이를 해서 균형을 잘 잡도록 다듬어 줍니다.

7

Araceae

히메몬스테라

선반 위나 스탠드에 올려 장식하면 멋있다

깊은 홈이 들어간 잎이 개성적이고 잎의 색은 밝은 초록색입니다. 몬스테라와는 다른 속의 식물로, 좌우 대칭으로 홈이 패여 있는 몬스테라와 달리 좌우 비대칭으로 홈이 패어 있습니다. 포복성으로 기며 자라기 때문에 선반 위에 올려 장식하는 방법도 추천합니다.

원산지: 열대 아메리카

크기: 테이블 ~ M

최저온도: 기본 (10℃까지)

햇빛: 내음성 있음

난이도: 쉬움

꽃말: 기쁜 소식, 장대한 계획, 깊은 관계

반려동물 · 아기: × 독성 있음

관리 POINT

생육기인 봄에서 여름 사이에 왕성하게 자라기 때문에 줄기가 길게 자라 방해가 되면 적당한 자리에서 잘라주세요. 추위에는 약하기 때문에 겨울에는 따뜻한 곳에서 관리해주세요. 냉기에 조금이라도 닿으면 잎이 거무스름해지고 손상되기도 하므로 주의하세요.

스킨답서스

8

Araceae

튼튼하고 기르기 쉬운 식물

난이도와 품종의 다양성 덕분에 인기가 좋습니다. 초록색에 노란색 반점이 들어간 기본 품종입니다. 스킨답서스 중에서도 튼튼하고 생육도 왕성합니다. 덩굴성이라 쭉쭉 뻗어가는 잎이 사랑스럽고, 스탠드에 놓아 장식하면 멋스럽습니다.

원산지	솔로몬제도
크기	테이블 ~ XL
최저온도	기본 (10℃까지)
햇빛	내음성 있음
난이도	쉬움
꽃말	영원한 부귀, 화사한 빛
반려동물·아기	× 독성 있음

관리 POINT

건조한 환경에 강하고 내음성도 높아 장소에 구애받지 않고 기를 수 있습니다. 다른 식물과 마찬가지로 직사광선은 잎을 타게 하므로 조심하세요. 어두운 곳에 두면 시들지 않고 자라지만, 얼룩무늬가 없어지고 진초록이 되어버립니다. 건조한 상태를 좋아하므로 물은 너무 많이 주지 않도록 주의하세요.

9

Araceae

형광 스킨답서스

공간을 환하게 해주는 형광색

형광 스킨답서스 역시 오랫동안 사랑받아 온 품종으로 친숙합니다. 특징은 이름처럼 형광색의 밝은 잎이며, 생육이 왕성합니다. 길게 자라면 잘라주고 물에 꽂아 수경재배로 즐기는 사람도 많습니다.

원산지	솔로몬제도
크기	테이블 ~ M
최저온도	기본 (10℃까지)
햇빛	보통
난이도	쉬움
꽃말	화사한 빛, 영원한 부귀, 끝없는 행복
반려동물·아기	× 독성 있음

관리 POINT

스킨답서스와 비교해 추위와 어둠에 약한 편입니다. 생육기부터 밝고 따뜻한 곳에 두고 기르면 겨울에 약해지지 않기 때문에 안심입니다. 너무 어둡거나 추우면 잎에 거무스름한 점이 생기면서 신호를 줍니다. 초봄에 비료를 주어 잎의 색이 선명하게 유지되도록 해주세요.

마블퀸 스킨답서스

관리 POINT

모든 식물이 마찬가지지만, 초록색 면적이 작고, 하얗거나 노란 반점이 많을수록 관리가 어렵습니다. 이런 경우는 레이스 커튼으로 차광한 정도의 밝은 곳에서 관리하면 좋습니다. 춥고 어두운 환경은 피해야 합니다. 되도록 매년 적당한 시기에 비료를 주세요.

시선을 사로잡는 희고 아름다운 잎

하얀 잎에 자잘하게 초록색이 뿌려진 마블 무늬를 지녔습니다. 아름다운 잎의 색과 산뜻한 분위기로 애호가가 많은 품종입니다. 다른 스킨답서스와 비교하면 생육이 완만하기 때문에 비교적 오랫동안 작은 화분에 그대로 키워도 됩니다. 잎이 뻗어나가면 잘라줍니다.

원산지	솔로몬제도
크기	테이블 ~ S
최저온도	기본 (10℃까지)
햇빛	보통
난이도	어려움
꽃말	화사한 빛, 영원한 부귀, 끝없는 행복
반려동물·아기	× 독성 있음

Araceae

싱고니움 픽스테

초록색의 농담이 아름답고 산뜻한 인상

화살촉 모양의 잎에 초록색의 농담이 들어간 예쁜 잎을 가졌습니다. 어린 모종일 때는 밑동 주위에 잎이 무성하지만 생장하면 덩굴지면서 무거워져 아래로 처집니다. 다 자라면 공중 걸이 식물로도 활용합니다.

관리 POINT

싱고니움은 '온도, 일조, 통풍' 모두 좋아하는 환경으로 적절하게 갖추어서 길러야 합니다. 그래야 특유의 아름다운 잎 색깔과 모양이 잘 드러납니다. 처음에는 마음먹은 대로 잘되지 않을 수도 있지만, 끈기 있게 시도해보세요.

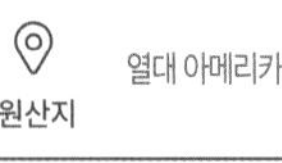

원산지	열대 아메리카
크기	테이블 ~ S
최저온도	기본 (10℃까지)
햇빛	내음성 있음
난이도	쉬움
꽃말	변덕, 기쁨
반려동물·아기	× 독성 있음

싱고니움 핑크네온

아름다운 앤틱 핑크의 색감

싱고니움 핑크네온은 초록색과 분홍색의 대비가 멋진 품종입니다. 싱고니움 픽스테와 마찬가지로 화살촉 모양의 예쁜 색깔 잎이 점점 늘어지면서 자랍니다. 색을 깔끔하게 내기 위해서는 적당한 일조와 비료 공급이 필요합니다.

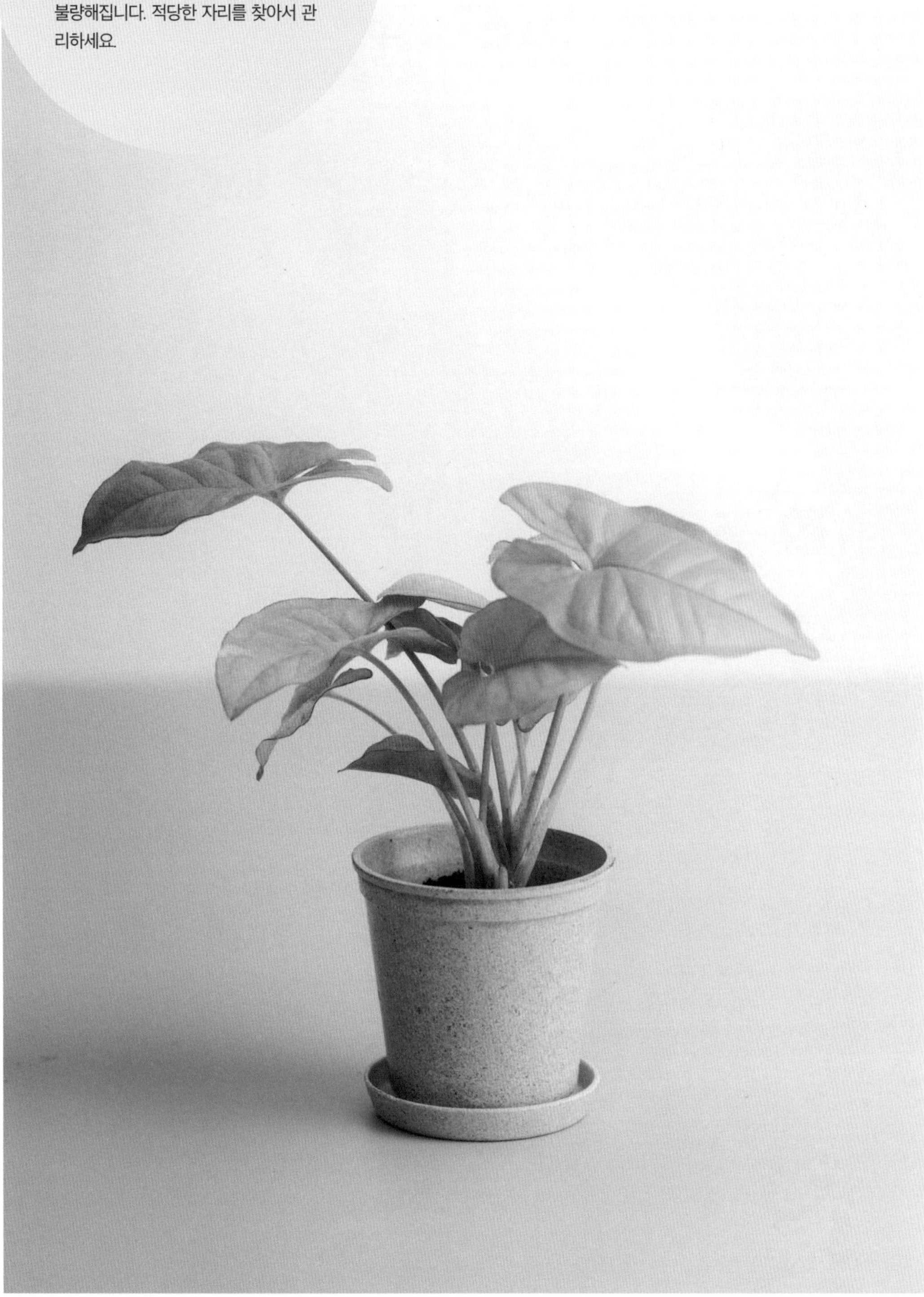

관리 POINT

싱고니움은 직사광선이 닿으면 잎이 타버리고, 일조가 부족하면 품종의 특성인 잎의 색이 잘 나오지 않습니다. 또 너무 춥거나 바람이 잘 통하지 않으면 생육이 불량해집니다. 적당한 자리를 찾아서 관리하세요.

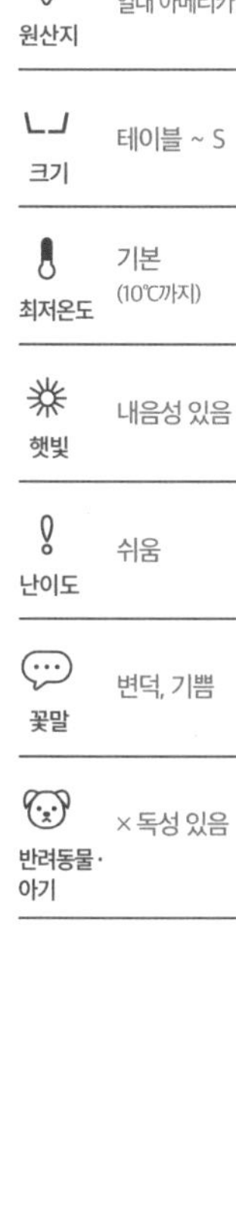

필로덴드론 셀로움

큰 나무가 되면 눈알 모양의 줄기가 나타난다

들쭉날쭉한 커다란 잎과 우뚝 선 줄기가 특징입니다. 줄기는 굵고, 잎이 떨어진 흔적이 무늬처럼 남습니다. 굵은 줄기에서는 공기뿌리가 자라므로 한층 더 개성적인 모습을 보여줍니다. 공기뿌리는 그대로 키우면 자생지에 가까운 야생의 수형도 감상할 수 있습니다.

원산지	브라질
크기	테이블 ~ XL
최저온도	기본 (10℃까지)
햇빛	보통
난이도	쉬움
꽃말	신중한 사람, 사랑의 나무
반려동물·아기	× 독성 있음

관리 POINT

일조가 적고 바람이 잘 통하지 않으면 잎이 작고 얇으며 흐늘흐늘해지고, 가늘게 말라버립니다. 레이스 커튼으로 차광한 정도의 밝은 곳에서 바람을 잘 통하게 해 주며 키워야 합니다. 오래된 잎은 크게 벌어지고, 차차 색이 바랩니다. 정기적으로 잘라내어 수형을 다듬어 주세요.

필로덴드론 버킨

14

Araceae

하얀 줄무늬가 특징

윤기 나는 초록 잎에 하얀 줄무늬가 들어가 대비를 보여줍니다. 새순은 흰색이 강하지만 자라면서 초록색이 진하게 들어가 한 그루 안에서 잎마다 다른 모습을 연출합니다. 공기뿌리를 길게 뻗으며 왕성하게 자랍니다.

원산지	중남미
크기	테이블 ~ M
최저온도	기본 (10℃까지)
햇빛	보통
난이도	보통
꽃말	화사한 빛
반려동물·아기	× 독성 있음

관리 POINT

적당한 밝기를 지켜주면서 관리하면 잎의 색도 아름답게 유지됩니다. 직사광선과 너무 어두운 곳, 추위는 피해주세요. 다른 천남성과의 식물과 똑같이 관리하면 큰 어려움 없이 기를 수 있습니다. 물은 건조한 느낌으로 주고, 겨울에는 더 줄여도 좋겠습니다.

필로덴드론 로조콩고

윤기 있는 초록색 큰 잎이 존재감을 뽐낸다

필로덴드론답게 잎이 두툼합니다. 잎의 앞면은 초록색 광택이 있고, 새순은 빨갛지만 열리면서 점차 검초록빛이 됩니다. 크기가 커지면 힘이 느껴집니다. 튼튼하고 기르기 쉬워 초보자가 도전하기도 좋습니다.

원산지	중남미
크기	S ~ M
최저온도	기본 (10℃까지)
햇빛	내음성 있음
난이도	보통
꽃말	화사한 빛
반려동물·아기	× 독성 있음

관리 POINT

내음성이 강하고 강건한 품종입니다. 너무 밝은 곳에서는 잎의 색깔이 바래거나 잎 뎀 현상이 생기므로 밝은 그늘이 좋습니다. 어둡거나 바람이 잘 통하지 않으면 잎이 작아지거나 밑동이 늘어지는 등 생육이 부진해집니다. 생육기에는 햇빛과 바람을 적절히 공급하며 건강하게 키워 주세요.

필로덴드론 옥시카르디움

스킨답서스만큼 기르기 쉬운 품종

길게 늘어지는 유형의 식물로 스킨답서스와 함께 인기가 많습니다. 덩굴을 뻗으며 생장합니다. 스킨답서스보다 줄기가 가늘고 잎의 모양이 작은 편입니다. 색깔은 초록색 한 가지로만 이루어진 이 품종은 생명력이 넘치는 모습이 특징입니다. 생장 속도가 빨라 변화하는 모습을 보는 재미가 있습니다.

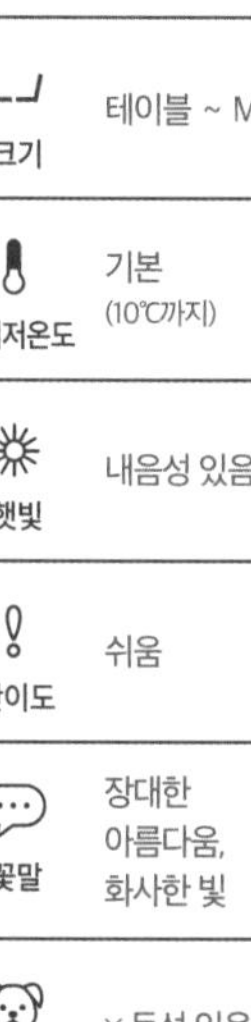

원산지	열대 아메리카
크기	테이블 ~ M
최저온도	기본 (10℃까지)
햇빛	내음성 있음
난이도	쉬움
꽃말	장대한 아름다움, 화사한 빛
반려동물·아기	× 독성 있음

관리 POINT

적당히 밝은 곳에서 공기의 흐름을 고려하며 키워주세요. 너무 어두우면 잎이 띄엄띄엄 달리거나 점점 작아지기도 합니다. 또 공기가 잘 흐르지 않으면 새순이 나기 어렵고 잎의 빛깔이 나빠집니다.

17

Araceae

필로덴드론 옥시카르디움 브라질

라임색과 선명한 초록색의 대비

옥시카르디움 중 무늬가 들어간 품종으로 이 브라질이 인기가 높습니다. 초록색과 라임색 두 가지가 섞여 있고 무늬 하나하나가 들어간 모양이 제각각 달라, 보는 재미가 있습니다. 환한 분위기를 연출해주어 가볍게 시도해보기 좋은 외관입니다.

관리 POINT

옥시카르디움 관리 방법에 따라 기르면 됩니다. 공중 걸이 식물로 달아놓거나 높은 선반에서 기르는 경우도 많습니다. 높은 곳은 따뜻한 공기가 모이기 때문에 흙이 마르는 속도가 빠르므로, 여름에는 특히 물이 부족하지 않도록 초반에는 세심하게 건조 상황을 확인해봅시다.

원산지	열대 아메리카
크기	테이블 ~ M
최저온도	기본 (10℃까지)
햇빛	내음성 있음
난이도	쉬움
꽃말	장대한 아름다움, 화사한 빛
반려동물 · 아기	× 독성 있음

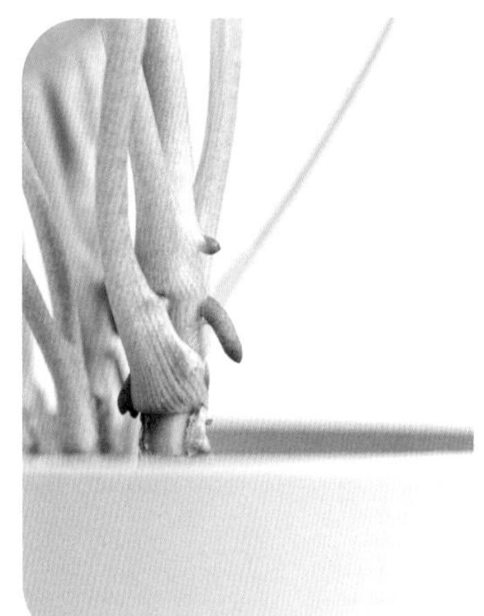

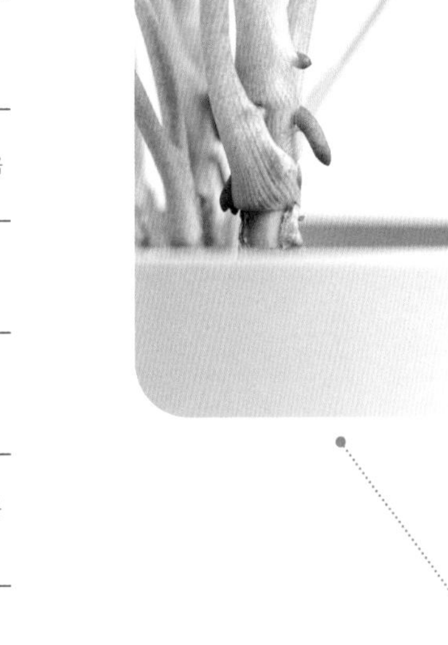

금전수

쭉 뻗은 다육질 줄기의 넘치는 생명력

짙은 초록색의 두툼한 잎이 특징입니다. 외관이 세련되고 관리가 쉬워 인기가 좋은 품종입니다. 봄에서 여름 사이에는 가만히 닫혀 있던 새순이 한 번에 열려 보는 재미가 있습니다. 장식하기 좋은 크기로 판매되어 인테리어를 보완하는 식물로 추천합니다.

원산지	동아프리카, 잔지바르제도 (탄자니아)
크기	테이블 ~ XL
최저온도	기본 (10℃까지)
햇빛	내음성 있음
난이도	쉬움
꽃말	빛나는 미래
반려동물·아기	× 독성 있음

관리 POINT

너무 밝지도, 너무 어둡지도 않게 레이스 커튼 너머로 들어오는 부드러운 햇빛으로 기릅니다. 직사광선은 잎 뎀 현상을 일으키고, 너무 어두우면 마르고 잎이 얇아져 늘어져 버립니다. 물은 약간 건조한 듯한 상태를 유지하며 흙이 완전히 마른 후에 주는 방식을 좋아하므로 신경 써 주세요.

19

Araceae

블랙 금전수

새까만 잎이 근사하다

기르기 쉬운 세련된 금전수의 새로운 품종으로 개성적인 까만 잎이 특징입니다. 실내 공간의 악센트가 되는 윤기 있는 검은 잎은 독특한 존재감을 드러냅니다. 현대적인 감각의 인테리어에도, 편안한 느낌의 인테리어에도 잘 어울립니다.

원산지	동아프리카, 잔지바르제도 (탄자니아)
크기	테이블 ~ XL
최저온도	기본 (10℃까지)
햇빛	내음성 있음
난이도	쉬움
꽃말	빛나는 미래
반려동물 · 아기	× 독성 있음

관리 POINT

새순은 초록색으로 나오고 자라면서 점점 검은 빛으로 바뀝니다. 생장기인 봄에서 가을 사이에는 밝은 그늘에 두어 쑥쑥 새순이 나오게 하세요. 연중 내내 건조한 느낌으로 물을 줍니다. 추워지면 움직임이 멈추고 뿌리도 움직이지 않게 되므로 물을 너무 많이 주지 않도록 주의하세요.

디펜바키아 티키

관리 POINT

겨울의 추위에 약합니다. 바닥에 놓으면 밑에서 올라오는 찬 기운 때문에 잎이 상하기도 합니다. 해가 잘 들지 않는 실내에서 기를 때는 멀칭(→p.53)를 하거나 식물 선반을 활용해 바닥에서 멀리 띄워 주는 등의 대책이 필요합니다. 물은 연중 건조한 느낌으로 주면서 키워주세요.

선명하고 아름답게 흩뿌려진 진초록과 연초록의 반점

짙은 그린에 실버 화이트 모자이크 무늬의 반점이 들어간 무척 희귀한 디펜바키아입니다. 생육이 왕성하여 정기적으로 분갈이를 해주면 넘치는 힘이 느껴지는 나무로 자랍니다. 내음성이 있고 수분 보유 능력이 좋은 편이기 때문에 희귀한 품종을 키워보고 싶은 분께 추천합니다.

원산지	열대 아메리카
크기	테이블 ~ M
최저온도	기본 (10℃까지)
햇빛	보통
난이도	쉬움
꽃말	장대한 아름다움, 화사한 빛
반려동물·아기	× 독성 있음

Araceae

스킨답서스 트레비

광택 없는 질감의 빈티지 분위기

짙은 초록색의 두툼한 잎에 얼룩덜룩한 은빛 무늬가 들어가 일본에서는 '하얀 덩굴'이라고도 부릅니다. 우아하고 기품 있는 분위기로 인기가 좋은 관엽식물입니다. 덩굴성 식물이므로 잎이 천천히 자랍니다. 내음성이 있어 해가 잘 들지 않는 실내에서도 잘 자랍니다.

원산지	말레이제도, 동남아시아
크기	테이블 ~ M
최저온도	기본 (10℃까지)
햇빛	내음성 있음
난이도	쉬움
꽃말	소박한 사랑
반려동물·아기	× 독성 있음

관리 POINT

다소 어두운 환경에서 잘 자라기 때문에 직사광선이 닿는 창가나 너무 밝은 남향 창문은 피해주세요. 창문에서 떨어진 장소나 레이스 커튼으로 차광하여 부드러운 빛이 드는 장소에서 관리하세요. 덩굴이 길어지면 잘라내거나 분갈이를 하면 잎 사이가 벌어지지 않고 깔끔한 수형으로 자랍니다.

스파티필룸 센세이션

관리 POINT

물 흡수가 빠르고 금세 물이 부족해지는 경우가 많은 식물입니다. 부지런히 흙의 건조 상태를 확인해주세요. 물이 마르면 축 늘어집니다. 그럴 때는 저면관수(→p.20, 61)를 해주어 수분을 충분히 구석구석 흡수하게 해주세요. 물을 빨아들이면 잎이 다시 생생하게 위쪽을 향해 자랍니다.

산뜻하고 섬세한 무늬에 반하다

잎이 아름답고 기르기도 쉬워 오랫동안 관엽식물로 사랑받는 품종입니다. 잎에 들어간 예쁜 반점이 특징입니다. 반점의 모양은 일조 조건에 따라 다르기 때문에 같은 포기 안에서도 여러 형태의 반점을 볼 수 있다는 점이 매력적입니다.

원산지	열대 아메리카, 동남아시아
크기	테이블 ~ S
최저온도	기본 (10℃까지)
햇빛	보통
난이도	보통
꽃말	우아한 숙녀, 청아한 마음
반려동물·아기	× 독성 있음

안스리움 다코타

새빨간 안스리움의 기본 품종

안스리움의 꽃은 크림색 막대 모양이고, 꽃잎처럼 보이는 부분은 잎의 일부인 불염포입니다. 불염포는 빨간색, 흰색, 분홍색 등이 있습니다. 두툼하고 광택이 있으며, 하트 모양이 나오면 인기가 좋습니다. 다코타는 대표적인 빨간 불염포로 화려한 관엽식물입니다.

원산지	열대 아메리카, 서인도제도
크기	테이블 ~ M
최저온도	기본 (10℃까지)
햇빛	내음성 있음
난이도	보통
꽃말	열정
반려동물·아기	× 독성 있음

관리 POINT

새롭게 나온 잎의 수가 많을수록 꽃이 잘 핍니다. 뿌리가 굵고 생육이 왕성한 식물이므로 뿌리가 화분 안에 지나치게 들어차면 잎이 나오지 않거나 작게 나오며, 꽃도 잘 피지 않습니다. 포기나누기나 분갈이를 해주면서 기르면 아름다운 꽃을 많이 피웁니다.

안스리움 이클립스

관리 POINT

작은 크기로 많이 판매되기 때문에 물이 부족하지 않은지 특별히 신경 쓰며 관리해주세요. 색이 연한 불염포는 어두운 시간이 길어지거나 수분이 너무 많으면 갈색 반점이 생기기도 합니다. 부드러운 빛이 드는 밝은 장소에서 관리하면 아름다운 모습을 유지할 수 있습니다.

하얀 불염포가 산뜻한 인상

안스리움 중 작은 크기로, 하얀 불염포가 귀여우면서도 산뜻한 느낌을 줍니다. 소형 품종이라 테이블이나 선반 위에 부담 없이 놓아 장식합니다. 안스리움은 잎이 늘수록 꽃도 비례해서 많아지기 때문에 정기적으로 분갈이를 하고 비료를 주면서 기르세요.

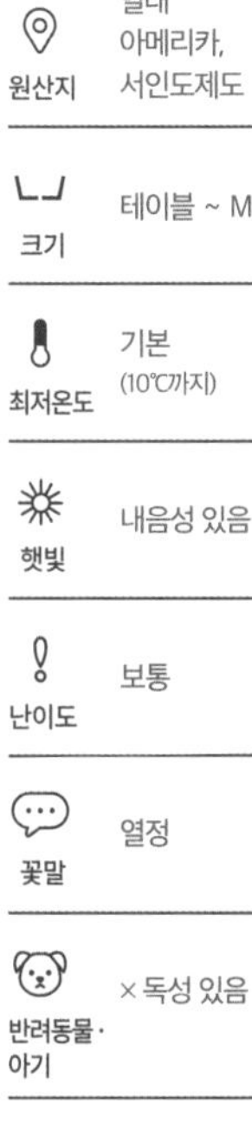

원산지	열대 아메리카, 서인도제도
크기	테이블 ~ M
최저온도	기본 (10℃까지)
햇빛	내음성 있음
난이도	보통
꽃말	열정
반려동물·아기	× 독성 있음

Marantaceae

마란타과

품종마다 잎의 색, 모양, 무늬가 달라 개성적인 모습을 보여주는 초본 식물의 인기 품종입니다. 내음성도 강하여 실내에 두기도 좋으므로 최근에 점점 인기가 많아지고 있습니다. 저녁이 되면 하루 종일 열려있던 잎을 닫고 수면 운동을 합니다. 물을 주는 시기를 정하기가 조금 어려워 중급자 이상이신 분에게 추천합니다.

POINT 1

개성적인 잎

앞과 뒤의 색과 모양이 다르고 무늬도 개성적이다. 인테리어에서 세련된 분위기를 연출한다.

POINT 2

직사광선에 약하다

큰 나무 아래에서처럼 나뭇잎 사이로 빛이 비치는 정도의 밝기를 선호한다. 직사광선에 의한 잎 뎀에 주의해야 한다.

POINT 3

겨울의 추위에 주의

추위에 약하므로 겨울철에는 되도록 밝고 따뜻한 곳에서 관리하고 뿌리가 차가워지지 않도록 한다.

Marantaceae

칼라데아 제브리나

짙고 옅은 초록색 줄무늬가 있는 칼라데아

품종마다 잎의 색과 무늬가 달라, 보는 재미가 있는 초본 식물의 대표 종입니다. 해마다 새로운 품종이 유통됩니다. 제브리나는 짙은 초록과 옅은 초록의 줄무늬가 들어간 품종으로 표면은 약간 벨벳 느낌의 질감입니다. 잎은 탱탱하고 탄력이 있으며 크게 자랍니다.

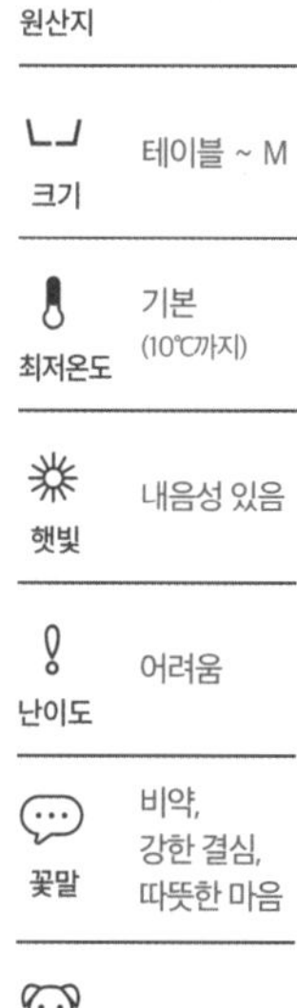

원산지	열대 아메리카
크기	테이블 ~ M
최저온도	기본 (10℃까지)
햇빛	내음성 있음
난이도	어려움
꽃말	비약, 강한 결심, 따뜻한 마음
반려동물·아기	○ 해 없음

관리 POINT

물을 잘 흡수하므로 보수성이 있는 흙에 심거나, 흙의 양에 약간 여유를 가지고 심어주면 좋습니다. 물이 부족하면 잎이 말립니다. 물 부족인 경우는 저면관수(→p.20, 61)를 하면서 상태를 살펴봅니다. 상한 잎은 겨울에 자르면 전체가 약해지므로 봄까지 기다렸다가 잘라내세요.

칼라데아 오르비폴리아

연한 초록의 빛바랜 색이 세련된 느낌

칼라데아 오르비폴리아는 살짝 동그스름한 모양이고, 잎은 초록색과 은녹색이 줄무늬로 들어가 있습니다. 전체적으로 가볍고 밝은 분위기이며, 퇴색된 느낌의 관엽식물이라 세련되게 장식하는 데 도움이 됩니다.

관리 POINT

오르비폴리아는 비교적 튼튼한 품종으로, 기르기는 쉽지만 잎의 색이 연해서 강한 빛에는 민감합니다. 빛이 너무 강하면 잎 뎀 현상이 생기므로 레이스 커튼으로 차광하여 키워주세요. 여름의 물주기와 분무도 옥외가 아닌 실내에서 해주어야 좋습니다.

원산지	열대 아메리카
크기	테이블 ~ S
최저온도	기본 (10℃까지)
햇빛	내음성 있음
난이도	보통
 꽃말	비약, 강한 결심, 따뜻한 마음
 반려동물·아기	○ 해 없음

칼라데아 루피바르바

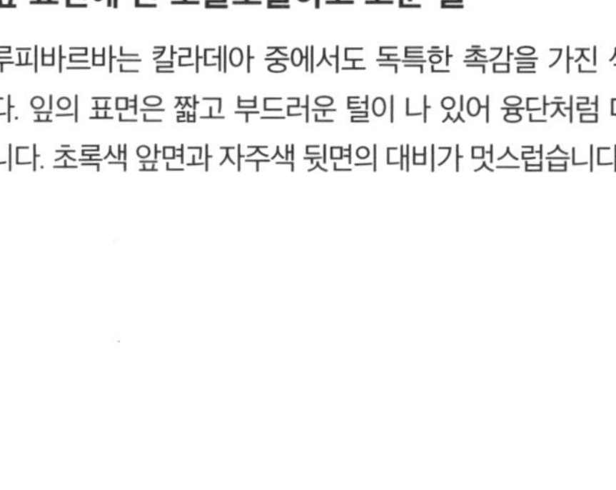

잎 표면에 난 보들보들하고 고운 털

루피바르바는 칼라데아 중에서도 독특한 촉감을 가진 색다른 품종입니다. 잎의 표면은 짧고 부드러운 털이 나 있어 융단처럼 매끄러운 질감입니다. 초록색 앞면과 자주색 뒷면의 대비가 멋스럽습니다.

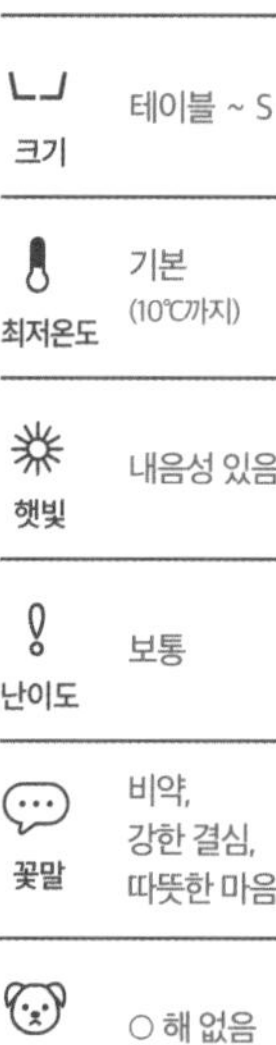

원산지	열대 아메리카
크기	테이블 ~ S
최저온도	기본 (10℃까지)
햇빛	내음성 있음
난이도	보통
꽃말	비약, 강한 결심, 따뜻한 마음
반려동물·아기	○ 해 없음

관리 POINT

고온다습한 환경을 좋아합니다. 분무해주면서 따뜻한 장소에서 키워주세요. 강한 빛을 쬐면 잎이 노랗게 되므로 그늘에서 관리합니다. 잎에 짧은 털이 나 있으므로 먼지나 티끌이 쌓이지 않도록 정기적으로 샤워로 잎을 씻어내려 주세요

칼라데아 마코야나

손으로 그린 듯한 잎의 무늬

잎 위에 잎 그림을 그려놓은 듯한 개성적인 무늬가 특징입니다. 앞면에는 짙고 옅은 초록색, 뒷면에는 자주색이 들어갑니다. 칼라데아는 밤이 되면 잎을 모으는 수면 운동을 하는데, 그때 이 잎 색의 대비가 더욱 도드라지며 아름답게 보여 감동을 줍니다.

원산지 열대 아메리카

크기 테이블 ~ M

최저온도 기본 (10℃까지)

햇빛 내음성 있음

난이도 보통

꽃말 비약, 강한 결심, 따뜻한 마음

반려동물·아기 ○ 해 없음

관리 POINT

다른 칼라데아와 마찬가지로 여름의 직사광선과 겨울의 추위를 조심하세요. 특히 겨울에 분무를 한다면, 추운 날이나 저녁에는 잎에 수분이 남고 그 물이 차가워져서 그 자리부터 잎이 상해버립니다. 겨울에는 분무를 하지 말고 잎을 닦는 정도로도 충분합니다.

칼라데아 화이트스타

관리 POINT

생육이 어려운 품종입니다. 적당한 밝기에 바람도 잘 통하게 하고 추위에 닿지 않도록 주의해야 합니다. 특히 환절기에는 잎에 이상이 없는지 잘 살펴보세요. 환경이 잘 맞지 않으면 잎에 얼룩이 생기거나 잎끝이 갈색으로 시들어 버리기도 합니다.

생육이 어려울수록 도전하고 싶은 최고품

칼라데아 중에서는 유통량이 적은 품종입니다. 줄기는 위로 쭉 뻗었고 줄기 끝에 가늘고 긴 잎이 달려 있습니다. 잎에는 짙은 초록색과 은녹색이 어우러진 줄무늬가 있고, 가운데 부분은 은은한 분홍색을 띱니다. 밝은 곳에서 기르면 잎의 색이 더 잘 나옵니다.

원산지	열대 아메리카
크기	테이블 ~ S
최저온도	기본 (10℃까지)
햇빛	내음성 있음
난이도	어려움
꽃말	비약, 강한 결심, 따뜻한 마음
반려동물·아기	○ 해 없음

칼라데아 오르나타

블랙×핑크의 강렬한 색감

거의 검정에 가까운 진녹색의 윤기 있는 잎에 펜으로 그린 듯한 분홍색 선이 들어가 무척 독특한 모양을 보입니다. 잎의 뒷면은 자주색이며, 현대적인 스타일의 인테리이에 잘 이울립니다.

관리 POINT

오르나타는 겨울의 추위에 특히 민감합니다. 겨울 동안 얼마나 건강한 상태를 유지할지가 관건입니다. 바닥에 놓인 화분은 식물 선반 등을 사용하여 바닥에서 띄워 주고 난방기구를 잘 활용하면서 가능한 한 따뜻한 장소에서 길러 주세요. 물도 상온으로 따뜻한 시간에 줍니다.

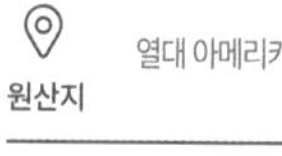

원산지	열대 아메리카
크기	테이블 ~ S
최저온도	기본 (10℃까지)
햇빛	내음성 있음
난이도	보통
꽃말	비약, 강한 결심, 따뜻한 마음
반려동물·아기	○ 해 없음

마란타 레우코네우라 패시네이터

관리 POINT

물이 부족하면 잎이 제 모습을 드러내기 어렵습니다. 어느새 흙이 말라버려 잎이 갈색으로 시들어 버리는 일이 많습니다. 꼼꼼하게 흙의 건조 상태를 확인해주세요. 물이 부족하면 잎이 쪼그라듭니다. 너무 강한 햇빛에 잎이 타지 않도록 주의하세요.

나비 모양의 선명한 잎 무늬

나비처럼 독특한 잎의 무늬가 무척 아름답습니다. 잎의 앞면에는 초록색의 농담이 독특한 무늬가 있고 그 위에 분홍색 선이 들어가 있습니다. 잎의 뒷면은 보라색입니다. 식물의 줄기와 가지가 지면을 기어가며 자라기 때문에 부풀 듯이 늘어지며 풍성하게 자랍니다.

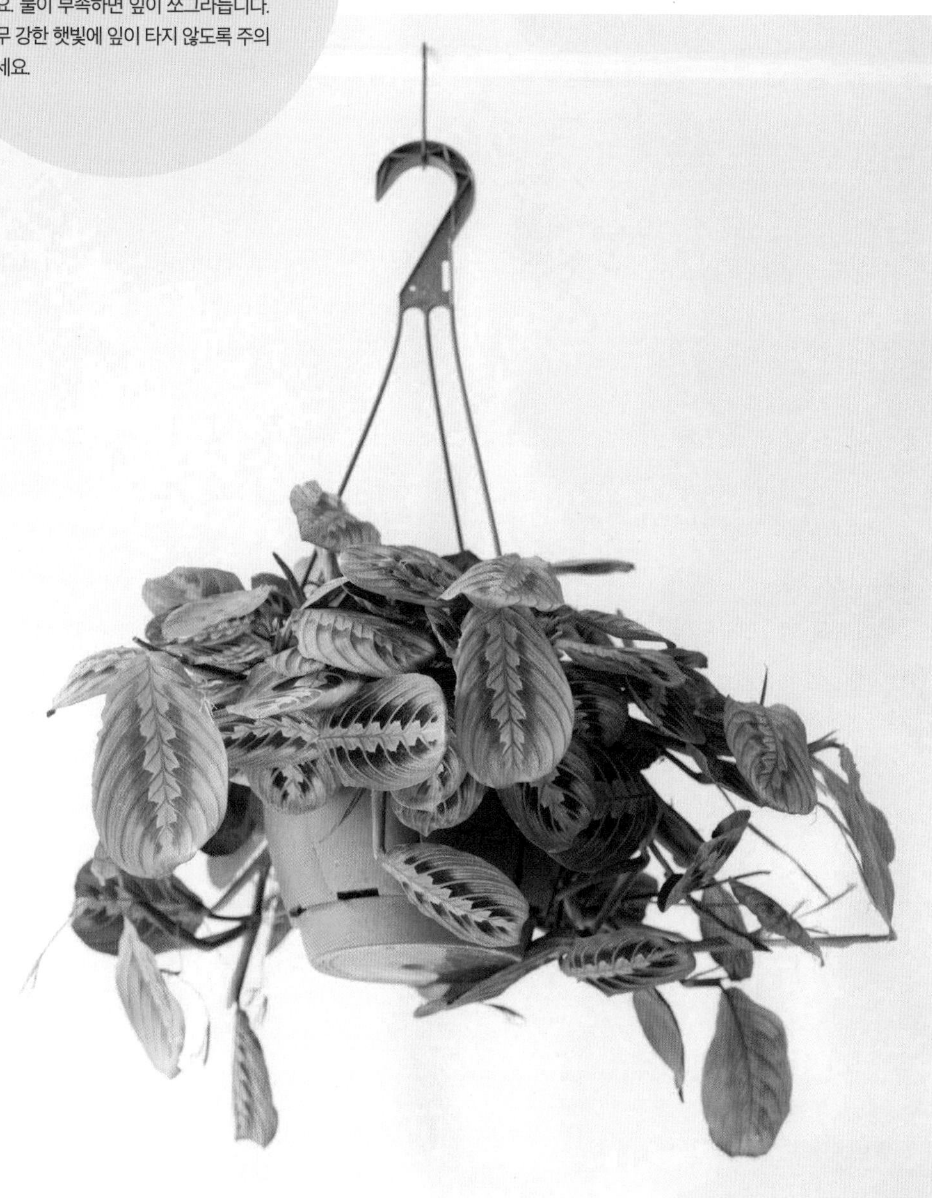

원산지	열대 아메리카
크기	테이블 ~ M
최저온도	기본 (10℃까지)
햇빛	내음성 있음
난이도	보통
꽃말	영원한 부귀, 따뜻한 기도
반려동물·아기	× 해 있음

Marantaceae

스트로만테 트리오스타 멀티컬러

분홍, 크림, 초록의 삼색 잎

잎 앞면의 분홍, 크림, 그린의 세 가지 색깔이 이 품종 이름의 유래입니다. 뒷면은 자주색입니다. 밤이 되면 수면운동으로 잎이 위를 향하면서 아름다운 잎 색깔의 대비를 보여주는 멋스러운 식물입니다.

원산지	남아메리카, 브라질
크기	테이블 ~ M
최저온도	기본 (10℃까지)
햇빛	내음성 있음
난이도	어려움
꽃말	강한 결심, 따뜻한 마음
반려동물·아기	○ 해 없음

관리 POINT

습도가 높은 환경을 좋아합니다. 따뜻한 시기에는 흙의 표면이 잘 말랐다면 전체가 바싹 마르기 전에 물을 주어도 좋습니다. 내한성은 칼라데아보다 강한 편이라 걱정하지 않아도 됩니다. 생장기에 밝고 바람이 잘 통하는 곳에서 관리해주면 잎의 색감이 예뻐집니다.

Apocynaceae

협죽도과

협죽도과의 관엽식물은 두툼한 잎과 굵은 줄기를 가졌으며 건조에 강하고 기르기 쉽다는 점이 매력입니다. 또 보기 좋게 꽃이 피는 품종도 많습니다. 최근 인기가 높아지는 코덱스(괴근 식물)는 협죽도과의 아데니움과 파키포디움입니다. 씨에서 발아하여 키운 실생묘도 많이 유통되며 수집가가 늘고 있습니다.

POINT 1

건조에 강하다

무척 두툼한 잎과 굵은 줄기를 가져 물을 저장하므로 건조에 강하다.

POINT 2

꽃이 핀다

호야나 디스키디아는 작고 귀여운 꽃을, 아데니움은 크고 화려한 꽃을 피운다.

POINT 3

인기 종에 도전하기!

비교적 작은 화분부터 시작하기 때문에 첫 코덱스로 도전하기도 좋다.

1

Marantaceae

디스키디아 누물라리아

동그랗고 통통한 잎이 줄줄이 달린 귀여운 모습

동남아시아의 열대우림이 원산지인 덩굴성 식물로, 자생지에서는 바위나 나무줄기에 착생하여 자랍니다. 그 때문에 줄기에서는 짧은 공기뿌리가 나와 주변 닿는 곳을 찾으면 붙어서 자랍니다. 누물라리아는 동그란 잎이 귀여운 품종입니다.

관리 POINT

무척 건조한 환경을 좋아하므로, 물은 잎에 주름이 조금 보이기 시작할 때 주는 방식으로도 문제가 없습니다. 여름철, 밑동 부분에 열과 습기가 가득해지면 부근의 잎이 녹기도 합니다. 그러므로 여름 동안에는 흙이 잘 마르고 나서 물을 주고, 바람이 잘 통하도록 신경 써 주세요.

원산지	오스트레일리아, 동남아시아
크기	테이블 ~ M
최저온도	기본 (10℃까지)
햇빛	보통
난이도	쉬움
꽃말	평화
반려동물·아기	× 독성 있음

디스키디아 루스키폴리아

하트 모양의 다육질 잎

루스키폴리아는 '밀리언 하트'라는 유통명처럼 작은 하트 모양의 잎이 줄줄이 달려 아래로 늘어지며 자랍니다. 잎은 다육질이고 줄기는 팽팽합니다. 생육이 왕성한 품종으로 생기 있게 잎을 뻗으며 무척 풍성하게 자랍니다.

원산지	오스트레일리아, 동남아시아
크기	테이블 ~ M
최저온도	기본 (10℃까지)
햇빛	보통
난이도	쉬움
꽃말	평화
반려동물·아기	× 독성 있음

관리 POINT

물은 건조한 상태를 유지하며 주도록 합니다. 잎끼리 걸리고 엉키기 쉬워, 손질할 때 잎이 떨어져 버리는 일이 많이 생깁니다. 서로 걸리지 않도록 조심스럽게 다뤄주세요. 또 잎이 떨어질 때 하얀 수액이 나옵니다. 만지면 피부염이 생기기도 하므로 주의하세요.

아데니움 오베숨

사막의 장미라는 애칭으로 불리는 아데니움

사막의 장미라고도 불리며, 성숙하면 연분홍이나 빨간색의 화려한 꽃을 피웁니다. 밑동이 비대한 괴근 식물로, 추워지면 잎을 떨구고 휴면합니다. 한 그루, 한 그루의 느낌이 다른 점도 매력입니다. 오베숨은 줄기가 둥그렇고, 가지와 잎은 위로 뻗어갑니다.

원산지	동아프리카, 아라비아 남부
크기	테이블 ~ M
최저온도	기본 (10℃까지)
햇빛	밝은 곳
난이도	어려움
꽃말	첫눈에 반함, 순수한 마음
반려동물·아기	× 독성 있음

관리 POINT

봄에서 가을까지는 옥외에 내놓고 흙이 마르면 물을 줍니다. 반드시 줄기를 만져보고 뿌리 썩음병으로 물러지지 않았는지 확인해주세요. 가을이 되어 서늘해지기 전에 실내로 들이고, 따뜻한 곳에서 관리합니다. 겨울에 잎이 떨어지고 휴면하면 물을 주지 말고, 잎이 달려 있으면 평소보다 빈도와 양을 줄여 물을 줍니다.

파키포디움 그락실리우스

관리 POINT

아데니움의 관리 방법에 따라 가능한 한 밝고 따뜻한 곳에서 관리합니다. 여름의 찌는 더위와 높은 습도에 약하기 때문에 생육기에는 화분 속의 수분이 완전히 마른 뒤에 물을 듬뿍 주도록 합니다. 가을부터 서서히 물을 줄여 겨울에는 잎이 떨어지면 단수합니다.

대표적인 괴근 식물로 인기

파키포디움 그락실리우스의 최고 볼거리는 동글동글하고 비대한 괴근 부분입니다. 괴근 식물 인기에 불을 붙였지요. 자생지인 마다가스카르는 건조하고 가혹한 환경입니다. 그 가혹한 환경에서 살아남기 위해 수분을 괴근부에 저장하여 비대화하였습니다.

원산지	마다가스카르
크기	테이블 ~ M
최저온도	기본 (10℃까지)
햇빛	밝은 곳
난이도	보통
꽃말	영원한 사랑
반려동물·아기	× 독성 있음

파키포디움 덴시플로럼

온몸에 가시를 두른 개성적인 외관

이 식물도 마다가스카르가 원산지인 인기 괴근 식물로, 노란 꽃이 핍니다. 튼튼하고 기르기 쉬워 식물을 처음 접하시는 분께 추천합니다. 전신에 가시가 나 있는 개성적인 외관은 계속 봐도 질리지 않습니다.

관리 POINT

그릭실리우스와 마찬가지로 밝고 따뜻하며 바람이 잘 통하는 곳에서 관리합니다. 덴시플로럼은 봄에 노란 꽃이 피므로, 봄에 잎이 움직이거나 꽃봉오리가 움직이면 조금씩 물주기를 재개하세요. 추위에 약하므로 다른 품종보다 일찌감치 실내로 들여주어야 안심입니다.

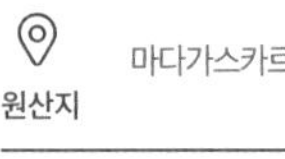

원산지	마다가스카르
크기	테이블 ~ M
최저온도	기본 (10℃까지)
햇빛	밝은 곳
난이도	보통
꽃말	영원한 사랑
반려동물·아기	× 독성 있음

Bromeliaceae

파인애플과

아메리카 대륙의 열대, 아열대 지역에 자생하는 식물로, 바위나 다른 식물에 착생하여 자라기도 하고, 사막에 뿌리를 내려 자라기도 합니다. 한정된 수분으로 살아남기 위해 진화한 품종이 많은데, 공기 중의 수분과 질소를 잎으로 흡수하여 자라는 공기 식물이 이 과의 식물이지요. 외관도 개성적인 것이 많습니다.

POINT 1

흙이 없어도 살 수 있다

공기 식물과 네오레겔리아는 잎에서 수분을 흡수하므로 흙이 없어도 자랄 수 있다.

POINT 2

개성적인 모습

색과 모양이 다양하다. 조금 독특한 식물을 키워보고 싶은 분들께 추천한다.

POINT 3

물을 매우 좋아한다

원생지와 비교하면 한국은 습도가 낮기 때문에 물을 자주 준다. 매일 분무해주어도 좋다.

1

Bromeliaceae

우스네오이데스

의외로 물을 좋아하는 공기 식물

흙이 필요 없는 관엽식물로 인기 있는 공기 식물입니다. 공기 중의 질소와 수분을 잎으로 흡수하여 자랍니다. 하얗고 풍성한 실타래 같은 모습이 특징으로, 잎의 표면에는 짧은 털 같은 것이 나 있어, 햇빛으로부터 몸을 보호하고 수분을 잡아주는 역할을 합니다.

관리 POINT

우스네오이데스는 잎이 가늘기 때문에 금세 마릅니다. 소킹(soaking)*으로 물을 주고 안심해서 한동안 방치하면 건조해져서 갈색이 되기도 합니다. 매일 부지런히 분무하면서 키워야 잎이 예쁘게 자랍니다. 바람이 잘 통하는 좋은 곳을 골라 관리해주세요.

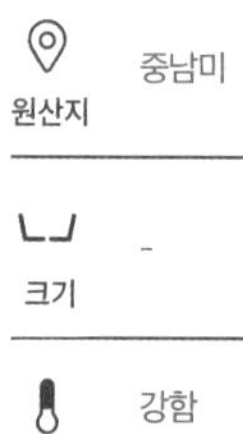

원산지	중남미
크기	-
최저온도	강함 (5℃까지)
햇빛	보통
난이도	보통
꽃말	불굴
반려동물·아기	○ 해 없음

* 많은 양의 물에 공기 식물을 담가 3~4시간 둔다. 물을 듬뿍 흡수하므로 건조해진 식물에 해주면 더 효과가 좋다.

세로그라피카

공기 식물의 왕

세로그라피카는 공기 식물의 왕이라고 불립니다. 은녹색의 곱슬곱슬한 잎이 꽃처럼 보이는데, 실제 꽃은 연한 자주색으로 핍니다. 잎의 밑동 쪽이 서로 겹쳐 있는데, 그곳에 빗물을 모아 물과 질소 성분을 흡수합니다. 물은 소킹 또는 분무로 줍니다.

원산지	중남미
크기	-
최저온도	강함 (5℃까지)
햇빛	보통
난이도	보통
꽃말	불굴
반려동물·아기	○ 해 없음

관리 POINT

밝고 바람이 잘 통하는 곳에서 관리합니다. 공기의 흐름이 없으면 물을 준 후에 수분이 빠지지 않아 몸체가 손상되거나 생육에 필요한 신선한 공기가 공급되지 않아 잘 자라지 못합니다. 물주기는 소킹이나 분무로 하고, 물을 준 후에는 거꾸로 뒤집어 물을 잘 빼줍니다.

크립탄서스

파인애플처럼 꽃이 핀다

들쭉날쭉 뾰족하고 단단한 잎을 가집니다. 위에서 보면 전체가 별 모양이기 때문에, 영어로는 'earth stars'라고도 합니다. 품종에 따라 잎의 색과 무늬가 다르고, 색감도 진기한 것이 많습니다. 내한성도 있어 기르기 쉽고 생육은 느립니다.

관리 POINT

직사광선이 닿지 않는 밝은 장소에 두면 좋습니다. 고온다습을 싫어하므로 약간 건조한 상태를 유지하게 물을 줍니다. 물을 줄 때, 잎이 붙어 있는 밑동 부분에 물이 고이면 그곳부터 상하므로 물을 줄 때는 밑동에 물이 닿지 않도록 흙에만 뿌려주도록 주의하세요.

원산지	브라질, 남미
크기	테이블
최저온도	기본 (10℃까지)
햇빛	내음성 있음
난이도	쉬움
꽃말	아껴둠, 소중한 마음
반려동물·아기	○ 해 없음

네오레겔리아 퀘일

관리 POINT

네오레겔리아는 통 모양으로 된 잎 아래쪽에 물을 채우며 물주기를 합니다. 생육기에는 잎 전체에 물을 뿌리고, 통에 물이 없어지면 추가합니다. 겨울에는 빈도를 서서히 줄이고 한겨울에는 주 1회를 기준으로 낮에 물을 주고 추워지는 밤이 되기 전에 통에 남은 물을 버려주세요.

빨간색 바탕에 연한 녹색 반점

네오레겔리아는 열대 아메리카에 약 70종이 분포되어 있으며, 나무의 줄기나 바위에 착생하여 자랍니다. 통 모양의 잎 안에 물을 저장하며, 잎 가장자리에는 짧은 가시가 있습니다. 건조한 환경에 강하여 기르기 쉽고 품종에 따라 색과 무늬가 다르기 때문에 관엽식물로 인기가 높습니다.

원산지	열대 아메리카
크기	테이블 ~ S
최저온도	기본 (10℃까지)
햇빛	내음성 있음
난이도	쉬움
꽃말	박애
반려동물·아기	○ 해 없음

네오레겔리아 알티마

라임그린의 산뜻한 색감

알티마는 크기도 작고 양도 적지만 꽃을 피웁니다. 로제트형 통 모양의 잎 중심에 물이 고여 있는 부분에서 꽃이 핍니다. 꽃이 피면 그 포기는 생장이 멈추고, 머지않아 아래에서 어린 포기가 나옵니다. 꽃을 피운 포기는 천천히 쇠퇴합니다.

원산지	열대 아메리카
크기	테이블 ~ S
최저온도	기본 (10℃까지)
햇빛	내음성 있음
난이도	쉬움
꽃말	박애
반려동물·아기	○ 해 없음

관리 POINT

잎이 옅은 색인 네오레겔리아는 너무 밝은 곳에 두면 빛이 강해 잎이 타버립니다. 알티마같이 색감이 옅은 품종은 특히 약간 그늘진 곳에서 관리하세요. 겨울에는 물을 저장하지 않고 분무로만 관리해도 됩니다.

네오레겔리아 딥퍼플

마치 꽃이 핀 듯한 화려함

윤기 있는 아름다운 보라색 잎이 사방으로 퍼져가는 모습은, 작지만 고급스럽습니다. 딥퍼플처럼 잎의 끝이 뾰족한 네오레겔리아는 풍수에서 '사기를 물리치는' 효과가 있다고 합니다. 관리가 쉬워 인기가 있습니다.

관리 POINT

딥퍼플처럼 따뜻한 색감의 진한 색 품종은 햇빛에 닿으면 색이 선명해집니다. 생육기에는 잎이 타지 않도록 주의하면서 창가에 두면 잎의 색조가 무척 좋아집니다. 비료는 거의 필요 없지만, 생육기에 희석한 액체 비료를 물을 줄 때 함께 주어도 좋겠습니다.

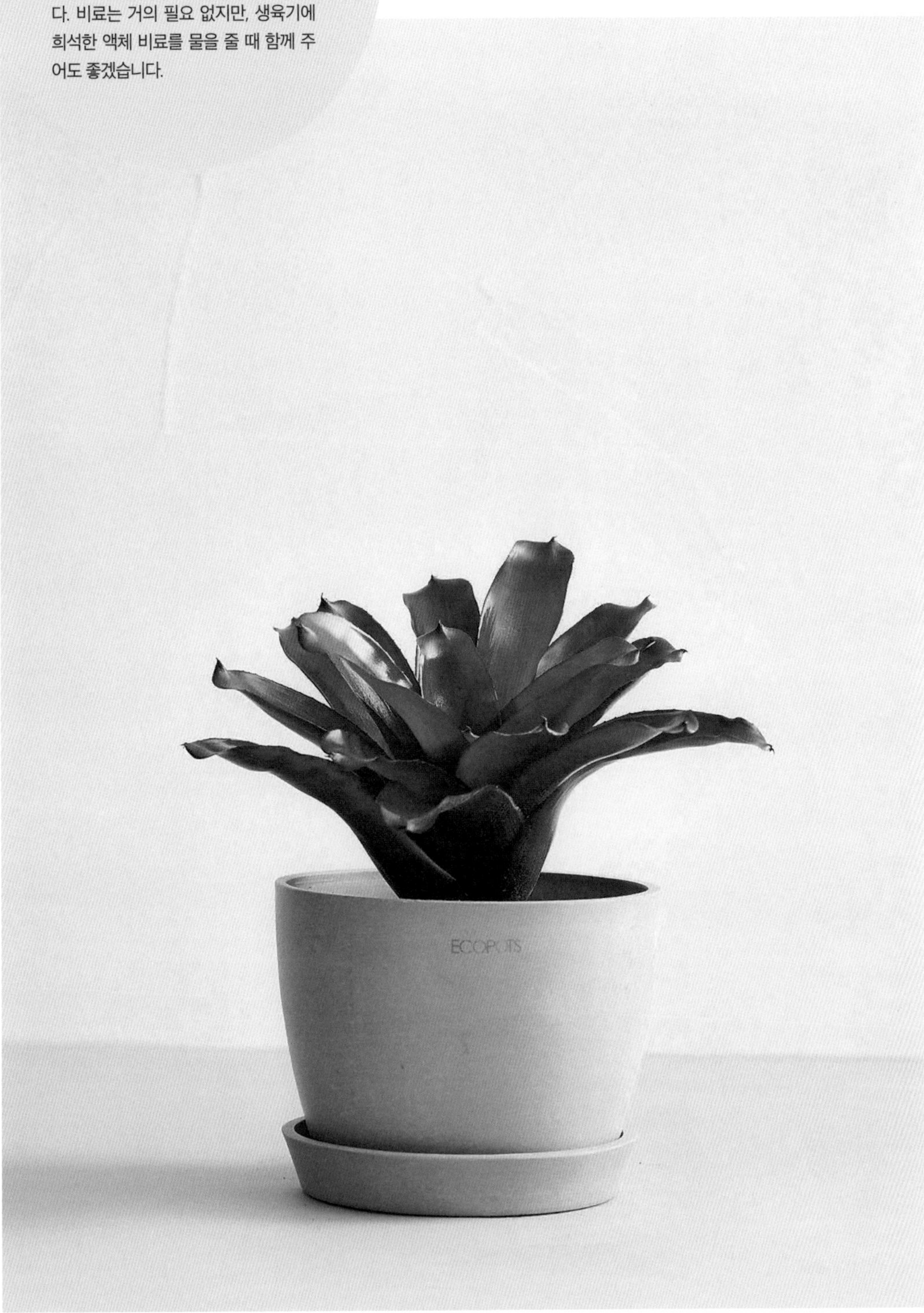

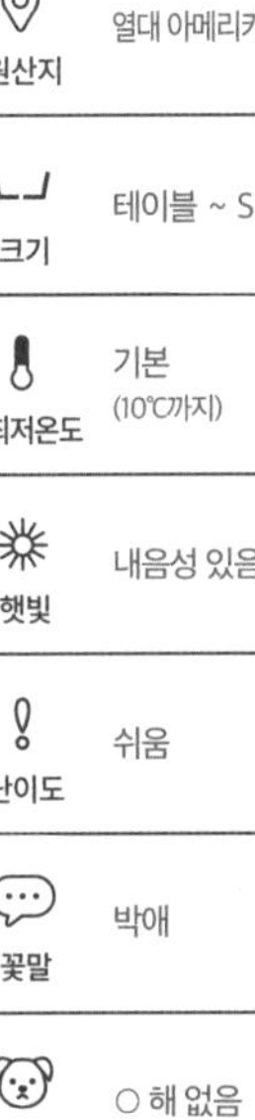

평범했던 공간에
내가 좋아하는 풍경을 만들자!
내가 나답게
지낼 시간을 위해!

사토 모모코

AND PLANTS

'실내에 전망을'이라는 컨셉으로, 초록이 있는 생활을 제안하는 관엽식물·꽃의 온라인 스토어다. 주식회사 Domuz가 운영하며, 라이스 스타일에 맞춘 독자적인 '퍼스널 식물 진단'이나 '세계 최초의 식물 AR' 기능을 통해 한 사람 한 사람의 취향에 맞는 식물을 추천해준다. 환경을 배려한 코디네이터로 부담 없이 관엽식물을 생활에 도입할 수 있게 도와주는 서비스를 제공하고 있다.